# 你的善良，不是拿来妥协的

李建珍 著

中国经济出版社
·北京·

**图书在版编目（CIP）数据**

你的善良，不是拿来妥协的 / 李建珍著.
--北京：中国经济出版社，2019.7
ISBN 978-7-5136-4618-5

Ⅰ.①你… Ⅱ.①李… Ⅲ.①人生哲学—通俗读物 Ⅳ.①B821-49

中国版本图书馆CIP数据核字（2019）第000797号

| | |
|---|---|
| 责任编辑 | 海　毅　高晓晔 |
| 责任印制 | 巢新强 |
| 封面设计 | 仙境工作室 |

| | |
|---|---|
| 出版发行 | 中国经济出版社 |
| 印 刷 者 | 北京艾普海德印刷有限公司 |
| 经 销 者 | 各地新华书店 |
| 开　　本 | 880mm×1230mm　1/32 |
| 印　　张 | 7 |
| 字　　数 | 125千字 |
| 版　　次 | 2019年7月第1版 |
| 印　　次 | 2019年7月第1次 |
| 定　　价 | 39.80元 |
| 广告经营许可证 | 京西工商广字第8179号 |

**中国经济出版社** 网址 www.economyph.com 社址 北京市西城区百万庄北街3号 邮编 100037
本版图书如存在印装质量问题，请与本社发行中心联系调换（联系电话：010-68330607）

**版权所有　盗版必究**（举报电话：010-68355416　010-68319282）
国家版权局反盗版举报中心（举报电话：12390）　　服务热线：010-88386794

# 前言 PREFACE

前辈问一个年轻人:"你觉得自己有什么优点?"年轻人说:"我很善良。"前辈一指周围人,说:"我们都很善良。"

是的,人生在世,大多数人都对自己持肯定态度。不管他人评价如何,在自己心中,自己是好人,是善人。

照此推断,我们每天都被一群善良的人包围着,我们会感觉很愉悦。然而,现实并非如此。

善良的人认为:自己以善意对待他人,遇事采取妥协的态度,会换来相应的回报。然而,现实并非如此。

在某些人眼里,善良是软弱的代名词,既然软弱,就会受到攻击,遭到欺凌。攻击和欺凌是丑恶,在善良人的世界里,丑恶是很难想象的,也是很难对付的,而妥协却是很容易做到的。于是，善良人首先采取的办法是妥协。可是，越妥协，伤害就会越厉害。

如果，善良的人受到攻击和伤害，从此一蹶不振，甚至对自己产生怀疑，对他人、对社会失去信心，还怎么能期望一直保持善良之心？

所以，善良的人，遇到丑恶，不能妥协，要学会采取适当的方式，或摆脱，或反讽，或调侃，或回怼，或坚拒，或还击……总之要想方设法来解决问题，保护自己的内心，保护自己的尊严。只有这样才能让自己的善良也得到保护，并且可持续发展，影响更多的人，在社会上形成良性循环。

当善良的人有朝一日醒悟，拿出勇气自卫，甚至勇于跟经常算计自己的人针锋相对时，就会发现平日那些欺负自己的人看到自己也都会选择绕开走，或者对自己讲话也客气起来……这种感觉是不是很爽？

当你有能力、有资本"牛"的时候，拿出点儿勇气"牛"一下，会让你一直憋屈不满的生活扭转方向，洒满阳光。

我们都是普通人。普通人不会经历那么多的狂风暴雨、惊涛骇浪，更多的是斜风细雨、微波拍岸。职场上、生活中，恶心人的事情往往是细小琐碎的，却也是麻烦、纠结，让人不爽、不自在的。对付这些细小却会让人"硌"得慌的事情，需要较高的情商与智慧。

请记住：你不需要对嫉妒你、攻击你、伤害你的人忍气吞声，以"成全"别人的傲慢、偏见与邪恶；你的善良是留给同样善良的人的，而不是拿来妥协的。

拥有自己的原则和底线，选择舒适的人和圈，让生活从此过得优雅精致、淡定从容。

# 目录 CONTENTS

## 做自己善心的保卫者

### 第一辑

也许已走出艰难旅程，回头看云淡风轻；也许一时运气好，暂未经历过痛苦不堪之事，但这不是轻视别人的理由。因为那些烦恼痛苦在特定的时间、地点是真实存在的，不应该被轻视、被践踏。

01 能感同身受你痛苦的人，才是真朋友 / 2

02 不要与心态失衡的人计较 / 8

03 芝麻一般的小事也会膈应人 / 16

04 正义之心，支撑你做一个正直人 / 23

05 低三下四，不是你的义务 / 29

06 你想要的，请直接说出来 / 35

07 声明立场，有理有利有节 / 42

08 被坑了，要有自己的姿态 / 47

09 每个人的"惨"，只有自己知道 / 50

# 目录 CONTENTS

## 第二辑 你值得拥有自己的舒适圈

> 当自己各方面条件不能与人并肩而立的时候,切莫挤进去,那不仅不会捞到想象中的各种好处,还可能被伤得很深。若想看高一层的风景,请再修炼自己。等到你能一步跨越,成功登顶,那时,谁也不能把你踩下去了。

01 别因害怕被孤立而去"合群" / 56

02 不是自己的圈层,无须挤进去 / 63

03 从勾心斗角的"漩涡眼"里挣脱出来 / 68

04 洁净朋友圈,做一简单人 / 74

05 远离"好为人生导师"者 / 78

06 拒绝文化"二盘商" / 84

07 别把客气话当真 / 88

你 的 善 良 ， 不 是 拿 来 妥 协 的

## 只对善心付出真心

第 三 辑

> 如果自己的尊严被肆无忌惮地践踏，那就离开吧！因为践踏尊严这种事就像"家暴"，只有"有"和"无"的区别，一旦有了，就容易接二连三，躲也躲不开。不如早点儿离开充满戾气与负能量的人，从此山水不相逢。

01 他人的评价，没有那么重要 / 96

02 你伤害了我，从此山水不相逢 / 102

03 单纯人不必把自己拼命修炼成"人精" / 108

04 怜香惜玉未必发自真心 / 112

05 你对我只是利用，我又何必真心以待 / 116

06 有些伤害是拿来成长的 / 119

07 愿你遇到一个不让你憋泪逞强的人 / 123

08 逼出潜力，一定幸运？ / 129

09 别人嫉妒你优秀，你示弱只会招致无理攻击 / 134

## 面对不善，由他去吧

### 第四辑

> 不善的人有个特点：固执，绝不会承认自己不善。遇到这样的人，闪开就好，不辩驳，不争论；他开心，你也无所谓。毕竟，非生存与死亡的问题，本也无关痛痒，由他去吧！

01　那些逻辑性差的人难以沟通　／142

02　不要展示痛苦，因为不只你一个人有委屈　／145

03　他人的欲望，不要成为你的桎梏　／150

04　你心中的"宝"，何必分享给不欣赏你的人　／155

05　面对挑逗，戒之远之　／158

06　别对我"道德绑架"　／161

你的善良，不是拿来妥协的

# 善心指引方向

## 第五辑

作为普通人，我们可能没有高深的智慧，也无力化解别人的尴尬处境，但至少我们不要媚上欺下，不要给他人"馈赠恶意"，不要为他人制造困境。"知世故而不世故"，是对世界释放的最大善意。

01 "知世故而不世故"，方为真善 / 166

02 不做他人倾倒不良情绪的"垃圾桶" / 170

03 只想占便宜的人没法相处 / 175

04 不接受"刀子嘴豆腐心" / 181

05 我的自由，你凭什么指手画脚 / 186

06 别把幸福晒在嫉妒眼下 / 191

07 格局就在你的待人处事上 / 197

08 你的善良不该成为别人的"垫脚石" / 202

09 善，存于心而不发于言 / 208

你的善良，不是拿来妥协的

# 第一辑 做自己善心的保卫者

也许已走出艰难旅程，回头看云淡风轻；也许一时运气好，暂未经历过痛苦不堪之事，但这不是轻视别人的理由。因为那些烦恼痛苦在特定的时间、地点是真实存在的，不应该被轻视、被践踏。

# 01

## 能感同身受你痛苦的人,才是真朋友

有一种朋友关系,是你觉得万分痛苦、濒临崩溃,而TA却觉得这种"破事"有什么了不起,谁都会遇到,谁都能轻易摆脱。当你向TA倾诉,希望得到契合心灵需求的安慰话语时,TA看似在安慰你,实际上却在淡化你的痛苦;TA觉得自己真的在安慰你,而你感受到的却是TA在暗示自己的高明与幸运。

这种安慰不能让人满意,甚至违背你心灵需求的话语还增加了你不愉快的指数,让你在痛苦之外,再体验一把心烦。这时候,你也许会后悔自己不该病急乱投医——要是不跟TA说就好了。

# 你的善良，不是拿来妥协的

阿宁当年大学毕业后为了追随在校时谈的男朋友，两人一起被招聘到外省工作：男朋友在一所大学工作，她则到了一家杂志社做编辑。她以为这样的日子会天长地久，可是，帅帅的男朋友忽然就被他的女学生给勾走了。阿宁难过极了，她又不愿意跟父母哭诉自己的悲哀，因为当初父母强烈反对她离家千里。而她当时跟父母上百次地保证：他那么爱自己，自己和他一定会幸福。从此，父母只有泪水和背影，故乡只有国庆和春节。

分手，令阿宁心痛到崩溃。她人地生疏，举目无亲，也没有房子，拎着皮箱站在凄冷的街头，简直不想活了。但，想起家乡的父母，她又狠不下心来自顾自逃离尘世。

在杂志社，她负责情感版面，针对他人奇奇怪怪的情感经历，她总是会冷静地给出建议，然而，轮到自己，她才有了切肤之痛——她自己不能解决自己的难题！于是，她找同办公室的一位大姐倾诉。

这位大姐很关心人，办公室里每个姐妹的感情问题、家庭问题，她都很关心。

阿宁给大姐打电话，诉说自己的不幸。大姐安慰她："没有谁能一步到位，多数人都会谈几次恋爱的，所以你不要放在心上，何况你自己还是做情感解忧栏目的，见多识广，这点小问题，难不倒你的。姐姐相信你一定会处理得好。"大姐说的句句都在理，可是，阿宁的痛苦并没有减少半分。

后来，阿宁去考公务员，怕考不上，花了钱又丢人。大姐平时说话中有意无意显示她有一些路子，于是阿宁又去征求大姐意见，想问问有没有学费不高又靠谱的辅导老师，还有大姐提过的那个面试官，能不能给个指导。

大姐说："不就是考公务员嘛，我身边×××都考上了，有的根本不用辅导都考过了，不难的。"话是这么说，但阿宁还是认真复习备考。结果令人失望，阿宁笔试第二名，面试第二名，但人家只招一个人，她没过。大姐知道后，说："这点事算什么？没什么大不了的，以后人生失败的事情多了去了。"

阿宁觉得在大姐那儿没有得到什么实质性的建议，而且她说的话一点儿也不中听，还不如不说。那以后，阿宁就不去跟大姐讨教了。

有一次，同办公室的一个姐妹产假过后来上班，说她的孩子时不时生个病，有一次高烧三天，每天都要去医院输液。

"多给孩子喝水。"

## 你的善良，不是拿来妥协的

"晚上要给孩子盖好被子。"

"平时出去玩，要及时穿脱衣服，出汗了还要及时换掉。"

"流行感冒期间不要带孩子到人多的地方去。"

大家纷纷提供建议。

大姐则说："我孩子小时候从来不生病，身体好，孩子很快乐，我们全家都因为他的健康快乐而快乐……你就是对孩子太娇惯了，要粗养，这样他才不会生病。"

那个同事不说话，在大姐身后直翻白眼。等大姐离开时，她对大家说："你们有没有觉得她说话挺不好听的？"阿宁看到所有的同事都点头。那个同事继续说，"我孩子才几个月，那么小，怎么粗养？难道叫我不要管孩子，任凭他自生自灭？真是莫名其妙！不会说话就别说，没人把你当哑巴！"

但凡愿意把自己的烦恼、痛苦倾诉给一个人，倾诉者一般都是把后者放在比较高的位置，觉得是可亲近信赖的人，是比自己高明、能给予自己指点的人。可如果遇到不能感同身受那些烦恼、痛苦，并觉得这根本就不值一提，进而高高在上、指指点点的人，那么倾诉者真的会有一种自己被肆意践踏的感觉。

也许因为已经经历过那样的阶段，回头看觉得云淡风轻；

也许因为运气好，没有经历过那些令人烦恼痛苦的事，但这不是轻视别人烦恼痛苦的理由，因为那些烦恼痛苦在特定时间地点是真实存在的，如果无力向倾诉者献计献策，不会说安慰的话，那么，不说话也比说一些打击倾诉者的话来得好。

阿宁后来走出了痛苦，遇到爱她的男生，过上了幸福的日子。但她没有忘记那些不愉快的体验，当别人向她倾诉时，她都会真心地帮人出点子，想办法。

有一年，她接到一个电话，是当年的大学舍友打来的。舍友毕业后就跟随男朋友去了另一座城市，距离阿宁所在的城市好几百公里。舍友的状况让阿宁吃惊：她跟随男朋友这么些年，一直没结婚，最后还谈崩了。阿宁太能体会那种走投无路的感觉了，她安慰几句，放下电话，马上订火车票，以最快速度赶到舍友身边。

舍友非常吃惊，她没想到阿宁会到自己身边，还以这么快的速度到达……

阿宁陪着极其痛苦的她，握住她的手，抱住她的肩膀，不说话，任由她趴在自己肩上哭，直到哭累了，睡着了。

第二天，舍友醒来，阿宁看见她对自己微笑了一下。

她会笑了,没事了,阿宁放心了。

阿宁回去后,舍友给她发信息:谢谢你,如果没有你来,也许我就干傻事了……

阿宁心里"咚"了一下,没想到她竟挽救了舍友的生命。

能感同身受别人的痛苦,做出恰当的反应,才能真正达到安慰的效果。

能感同身受别人痛苦的人才有资格成为可以倾诉、值得信赖的真心朋友。

## 02

## 不要与心态失衡的人计较

如果有人说马云很优秀,除"杠精"外,相信绝大多数人不会否认。

如果有人说听话者的朋友某某很优秀,这时候,很多人作为听话者是不愿意接受的。除非被夸奖的人确实比听话者高出几层楼,并且听话者还有宽大的胸怀,才能真心实意地认同。

在日常生活中我们会发现,人们对自己身边熟悉的人的认可度远不如与自己毫无关系的人。换句话说,人们愿意承认陌生人比自己强的事实,却拒绝接受身边熟人各方面超过自己。

丫丫和煦煦是同时进入公司的,她们都毕业于本地的一所一

## 你的善良，不是拿来妥协的

本大学，两个人都是优秀毕业生，还是老乡。起初，她俩关系很好，常用家乡话聊天，有人开玩笑说："说普通话，别说大家都听不懂的鸟语。"两人哈哈一笑，默契十足。

工作不久，丫丫就跟大学同学的男朋友结婚了，在双方父母的帮助下，买了房子，也买了车子。一年后，丫丫生下一个健康可爱的男孩。出了产假，丫丫把父母请来帮忙照看孩子。回到公司上班的丫丫迅速捡起丢下的业务。后来有个全省系统业务大比拼的比赛，公司选拔人员参赛，丫丫和煦煦都是备选人员，两个人都卯足了劲儿要拿到唯一的参赛名额。结果，丫丫以微弱的优势取得参赛资格。

沉浸在喜悦中的丫丫没有注意到煦煦的脸色不好看。

拿到参赛资格后，领导就在各种场合一直给丫丫鼓劲打气，让她一定要努力拿个全省一等奖回来。丫丫自己并没有这样的信心，但领导一直强调，她不得不花十倍的气力去准备，并且到处向人请教。领导为了拿到首届业务大比拼一等奖，是下了本钱的，为丫丫专门请了一个专家来指导。金钱加努力，成效显著，丫丫很聪明，进步飞快。真的获得了一等奖。

丫丫载誉归来，还没回到单位，在微信群里，几乎全公司的人都为她点赞。丫丫满面春风,一个劲儿地说"谢谢"。她没有注意到煦煦不在点赞的人群里。

回归平静,丫丫继续上班,大家也各忙各的。

有一次,单位组织"三八"节外出游玩,工会主席发起活动,分别指派几个人去统计自己部门愿意参加的人员名单。丫丫部门的主任出差去了,委托丫丫负责登记。丫丫逐个询问,去或不去,大家都态度和气地回答,等问到煦煦的时候,煦煦懒洋洋地说:"想去就去。"

想去就去?这是什么意思?丫丫问:"到底去还是不去?"煦煦拽拽地说:"我可没你生活得那么多姿多彩、有滋有味。"

丫丫惊住了,煦煦这是怎么了?她这才发现,煦煦已经很久都不正眼看自己了。

自己什么地方得罪了她?丫丫想不明白,但被煦煦这么冷言相对,她自觉颜面不存,不再问下去。

这事让丫丫茶饭不思,一直在问自己到底什么地方做错了。想来想去,还是想不出个所以然。她把烦心事告诉先生。她先生想了想,说:"会不会是你竞赛获奖这件事得罪她了?"哦……丫丫恍然大悟。原来,煦煦看着原本和自己一样的丫丫成了人生

## 你的善良，不是拿来妥协的

赢家，而自己没房没车，谈了多年的男朋友还谈崩了，参赛资格又以微弱的劣势丢了，做人太失败，于是羡慕嫉妒恨油然而生。

丫丫想明白了，她又琢磨明天要不要好好安慰一下煦煦呢。

她先生似乎猜透了她的那点小心思，告诫她："人家现在正处于心态失衡的状态，你可别去自找没趣。再说你去安慰她，没有实质的帮助，在她看来，更像是居高临下的嘲讽。"

先生说得有道理，丫丫纠结了。衡量一下自己，还真没本事劝说心态失衡的人回归正常。往后的日子怎么办呢？只能期待煦煦自己拯救自己了。

除了自己觉得输给同层次的人会心态失衡外，那些喜欢在微信朋友圈"晒"孩子，炫耀自己孩子优秀的家长，一旦看到别人家的孩子出现"逆袭"，超过自己的孩子时，也会心态失衡。

朋友婧是一个同理心特别强的人，别人有什么需要帮忙的，她二话不说，自己帮不算，还会发微信朋友圈，找其他人一起帮。别人谢谢她，她说："举手之劳，并没有什么辛苦的。"

她有个错误的认识，她一直以为别人也跟她一样善良，乐于助人。

婧微信朋友圈内有个梅女士，年龄跟自己相当，家庭状况、生活经历也跟自己差不多。梅女士常常自称很愿意帮助别人。

有一回，婧看梅女士发朋友圈说自己把孩子送去名师处学习数学，进步很大，准备参加奥数比赛。婧不知道小学一年级就可以开始学奥数了，她孩子已经四年级了，有点儿迟了，但她也想让孩子去试一试，于是她给梅女士留言。平时，梅女士对所有人都是秒回。那一次，婧没见梅女士回应，以为梅女士很忙，等有空了再回应，就对自己说，都耽误四年了，也不在乎多耽误一天。可是，等了一天、两天……一直都没得到回应。梅女士不会看不到吧？婧又给她发了一次请求，还是没有回应。婧才醒悟：人家是故意不搭理自己——毕竟两个孩子同年级，如果婧的孩子也去学，等于梅女士平白无故给自己孩子找了一个竞争对手。

梅女士的这种心理，婧也理解，所以她通过其他渠道，帮孩子报了名去学习。

因为孩子起步晚，也没有名师辅导，很难超过梅女士的孩子。对婧来说，这也没关系，竞赛能不能获奖是次要的，孩子能进步，对学习数学有兴趣，就已经很好了。

婧的孩子没有遇到名师，开始学奥数的时候有些吃力，竞赛也没有获奖。看梅女士常晒孩子获奖奖状，婧心里有些不好过。

## 你的善良，不是拿来妥协的

幸好，孩子也算自觉，自己一本本地学习辅导材料，日常数学题也都能轻松应对。

初中的时候，梅女士的孩子没再参加初中奥数联赛。婧的孩子叛逆期到了，也不好好学了。可是到了初三，婧的孩子忽然醒悟过来，开始发奋，成绩节节攀升，与梅女士孩子的差距一步步缩小，中考全市成绩排到500名，而梅女士的孩子则落到了1700名。不过，两个孩子还是考进了同一所重点高中。

高一期末文理分科时，婧的孩子没有任何犹豫选择理科，梅女士的孩子说听数学就像听天书，坚持选文科。为这事，梅女士跟孩子吵了几次，最后还是没能改变孩子的决定。

婧和梅女士一直保持着正常的往来，可她不知道梅女士的心理已经有了一些变化。

有一次半期考，婧的孩子考到了年段前50名，红榜照片被某位妈妈转发到小学微信群里，好几个妈妈表示祝贺，只有梅女士极其没风度地发了十几个嘲讽的表情包刷屏。

怎么会这样？婧看傻了。

婧的孩子知道后，说："这么冷嘲热讽您也受得了？退群吧。"

婧不肯，觉得从小学一年级开始十多年的同学友谊、家长友谊很值得珍惜，不能因为梅女士没风度，就负气退群。

不久，梅女士忽然在婧的一个帖子下发起话题：和二十几年前相比，现在的理科太简单了，文科太难了。婧表示不同意："这不太可能。回头看过去的高考题，现在并不比过去简单。"但是梅女士坚持说现在的数理化太容易。婧解释了几次之后，也没精力再去跟她争执。

婧的孩子跟婧说："您问她，既然现在理科这么简单，为什么她的孩子要选择文科？"

婧说："算了，别计较了。"

看着婧的孩子后来居上，超过了自己的孩子，梅女士心理失衡了。

如果一个人距离自己很远，这一辈子也无法接触到，那么，对方再优秀，发展得再好，也和自己无关，但是，一旦是自己认识的，并且往常各方面都不如自己的人，在某方面忽然有超越的迹象，自己就可能被刺激到，以致心态失衡，发布攻击性言论，甚或做出危害性举动。这是很多人的通病，需要反省、克服。

反过来说，跟周围人相比，你已经占得先机，那么，在竞

你的善良，
不是拿来妥协的

争者面前，低调、不争论是合适的行事风格，也不必要去向对手说什么自己暂时成功纯属侥幸、对方肯定能迎头赶上之类的安慰话，避免让对方疑心你是得了便宜又卖乖，更加心态失衡。

## 03

### 芝麻一般的小事也会膈应人

欢欢是个开朗的女生,对朋友特别好,她常开玩笑说自己是水瓶座的,做她朋友比做她情人要幸运得多。确实如此,她会因为朋友想吃肉馅饼,独自坐车到很远的地方去买来送给对方吃;她会丢下男朋友,去陪失恋的朋友好几个不眠夜;她还会把自己存下来的几个月工资借给朋友急用,或者捐给有需要的人……

这么一个阳光的女生,最近却有些郁闷。

我问她:"为什么郁闷?"

"其实也没啥,就是被一件很小很小的事情膈应到了。"她说。

## 你的善良，不是拿来妥协的

能有多小的事呢？

欢欢说，她和一个新入职的同事阿媛住在距离公司一公里的地方，同一条马路的两侧，欢欢家在公司同一侧，每次回家只要过一个十字路口就到了。那天晚上加班后，她们一起走出公司大门。

第一次一起走，阿媛走到路口，挽着欢欢的手说："我们从对面走。"街对面的人行道上有夜市，拥挤不堪，很难走。欢欢以为阿媛要去夜市买东西，就陪她走过街。然而，阿媛并没有买东西。她们一起挤过夜市，走到十字路口，等红绿灯后，再走一段，就到了阿媛住的地方。"Bye bye。"阿媛回家了。

欢欢家虽然就在对面，但是斑马线距离很远，她又不能翻栏杆过，不得不多走一段路。路边在拆迁，围挡围着，能走的只有机动车道，没有人行道，最里侧的机动车道是公交车车道，公交车几乎贴着围挡走，欢欢心惊胆战地从公交车和围挡之间挤过去……

第二天晚上，阿媛故技重施，欢欢虽然很不乐意，但也不好拒绝，还是陪着她走。本来，欢欢只要过马路一次就能回家，这样跟着阿媛走，相当于绕了一大圈，要过三次街才能到家，还要冒着被车剐蹭的危险。

第三天晚上,欢欢说:"你跟我都从右侧走,没有夜市,路也好走。等到我家附近,你再过街。这样我只要过一次马路,而对你来说,都是过两次马路,没有区别,何必要先过街,从夜市挤过去?这样走的话,我要过三次街,而且还得和公交车抢道,很危险。"阿媛说:"别啦,我已经习惯这样走啦。你还是跟我一起走,我们聊天。"欢欢很不愿意,可不忍撕破脸,只好再次陪着她走。但是,心里却硌得慌。

于是,每晚回家从哪边走这点小事就成了欢欢的心病。她不愿意得罪阿媛,只好磨磨蹭蹭,找借口上卫生间,或者多加一会儿班等,等阿媛走了,她才离开。

我说:"既然她这么不替你着想,你又何必顾忌她怎么想呢?"欢欢说:"毕竟是同事,这样好像不太好……算了,我还是每天下班后多等一等再走吧。"

生活中,我们会遇到各种各样的人,自私自利、凡事只考虑自己的人也有,这样的人虽然没有损人利己的大恶,但从来不会体谅人,不懂共情,这会让与之相处的人感到膈应。这样的朋友越少越好,最好不要有。因为你不能指望在你遇到困难的时候,

你的善良，不是拿来妥协的

他会帮你。为了自己不难受，还是远离为好。

在自私心理的驱动下，有人虽然不是故意害人，但在某种程度上也会对别人造成伤害。

明儿读大学的时候，同宿舍的舍友小青跟她关系很好。小青喜欢泡网络，是"万事通"，本地吃喝玩乐无所不精，也常向明儿推荐一些好去处，两人结伴去吃、去玩。

小青喜欢推荐明儿买衣服，她觉得适合的衣服，都会叫明儿试穿，连声称好，说服明儿掏钱买下。开始时，明儿很高兴，认为小青很有眼光，很不会挑衣服的自己认识她是一种幸运。

后来，小青时常向明儿借衣服。

小青说："咱们换着穿。花一件衣服的钱，可以穿两件衣服，走出去人家不会认为咱们就那么几件衣服穿。"明儿觉得她说得很有道理。不过，明儿并不习惯穿别人的衣服，所以，基本上都是小青穿明儿的——或者去约会，或者去参加活动，或者去勤工俭学。

有一次，明儿的衣服全都被小青穿了一遍，还没有洗，明儿需要穿一件好看的出门，却找不到合适的。明儿想跟小青借一件穿，可是小青却说："我的衣服不好看，不适合你，而且都穿脏了,还没洗,等周末我去洗衣房洗过,晾干再借给你。""哦,那不必麻烦了,我就是今天需要干净的好看的衣服,周末不需要。""唉呀,那很遗憾,没有衣服借给你。以后你要记得及时洗衣服哦。"

最后这句话噎得明儿在小青背后直翻白眼,心想:如果不是你把我的衣服都穿完,何至于我自己需要时没有衣服穿?

不过,这都是小事,明儿不想因为这点儿小事跟小青疏远,所以,后来小青再借衣服时,明儿照样很大方地借给她。

转眼两人都毕业了,找工作时,二人都通过教师笔试、面试考核,一起进入了同一所中学当语文老师。

明儿觉得这种缘分太难得,应该好好珍惜,对小青是无话不说。小青有事也都会跟明儿交流,比如,小青要参加学校的优秀教师评选,她会事先跟明儿说,叫她帮忙投票、拉票。明儿觉得这是义不容辞的,且不说她们是好同学、好同事、好朋友,仅看小青工作,确实也做得很好。当然,明儿做得也不比小青差。不过,明儿没有一颗争强好胜之心,看好朋友上进,她一点儿都不嫉妒,自己心甘情愿投票,还帮小青拉票。

小青评上了先进。自此以后,每年小青都会拿到一些荣誉。

## 你的善良，不是拿来妥协的

这些荣誉逐渐递增，从校级到市级。领导都说小青年轻有为，同事们则说她太争强好胜了。五年之后，小青已经荣登教务处副主任的宝座。

小青开始对明儿指手画脚。领导派给小青的活儿，小青随手就转给明儿。明儿除了做好分内工作外，额外的琐碎的事情越来越多，不得不每晚加班，周末加班。

这么多年了，明儿觉得自己干了很多分内分外的事务，也想评一次先进，没想到组里另一个常年霸占着"先进"的老教师也想评，并且私下动手脚，还对明儿说一些不中听的话。明儿被她弄得愤怒，坚持参评，并且把这件事说给小青听，以为小青会支持自己，或者说几句安慰的话，那样，她即便放弃，也心甘情愿。不料，小青却说："你跟老教师抢什么抢？你不觉得太丢人了吗？年轻人要多干活，少争名夺利。你做多了，领导看到了，总会有你的荣誉，不要自己去争。"

明儿觉得脑袋"嗡"了一下，这不是她想从小青这里得到的"安慰"！

想想两人一路走来，无论小青说与不说，明儿都自觉自愿地帮着小青，小青每年的荣誉里，多多少少都有明儿的一份功劳。

等到明儿需要帮忙，甚至并不需要帮忙，只想得到一点安慰的时候，小青却那样不近人情。

原来，小青每次志在必得的"上进"，到了明儿这里，却变成了"争抢"！

一位长辈说，不要把同事当朋友无话不说，否则，很容易被伤到。确实，同事之间有利益竞争关系，你拿对方当朋友无话不说，一旦有利益冲突，对方很可能会对你的软肋下手。即便没有利益冲突，对方也可能出于羡慕嫉妒而对你实施打击。

明儿如果继续一厢情愿地把小青当朋友，恐怕将来受到的伤害会更大。

自私的人，是不可能被改造的，且由他继续按照他的习惯生活吧，你没有必要为配不上你高贵人格的"朋友"无私奉献。

你的善良，不是拿来妥协的

**04**

## 正义之心，支撑你做一个正直人

白岩松说过一段发人深省的话：这个时代怎么了？都拿一个人的底线当优点，一件食品很好，不是因为好吃，而是因为没有添加剂；一个人很伟大，不是因为他多好，而是因为他讲诚信、守时、不偷东西……我们这个时代有很多问题的表现就是，把过去的底线当成了上线来肯定，就像你夸一个新闻人敢于说真话，可如果不说真话，他还算新闻人吗？

的确是这样，按说做一个有正义感的正直的人是每一个公民的底线，但是，现在这样的人真的太难得了。

我们所受的教育都是告诉我们要做正直的人，社会也一直在宣扬传播正能量，抵制歪风邪气，可是，真能做到吗？

有一种明知故犯是无奈的选择。

小燕的孩子读小学了，有一天，她在微信里跟我诉苦："孩子的班主任不好，布置了很多作业，都要求家长批改，家长签字，很多家长跟我一样有怨言，但是都不敢说出来。"

确实如此，现在小学里布置了作业，老师不批改是普遍现象，多数时候，家长是不敢说，只能自己费力辅导孩子，实在无能为力的只好花钱请家教帮忙。

小燕说："这是普遍现象，我也能理解。比较难受的是，我们班的某些家长天天在群里拍班主任马屁，老师一说什么，就一大堆鼓掌点赞送花放炮，搞得我们也赶紧跟着，免得被老师发现某某家长冷漠，然后报复到孩子身上。最难受的是，遇到过年过节，比如教师节、中秋、元旦、春节、元宵节、老师生日……那些家长就跳出来，要求大家凑份子给老师送礼。老师不讲话，也不知看没看到。估计老师是看到了，但什么都不说，也就是默许了。"

我问："没有家长反对吗？我们城里的学校，这种事情抓得比较严，老师不敢明目张胆收礼，家长也不敢明目张胆送礼，偷偷送的会有,但没有形成风气。"

小燕:"怎么不反对啊?我们这镇上多数人家庭不富裕,一年送好几次礼,每次都叫人家拿钱,很多人不乐意,但有什么办法?"

我说:"不送可以吗?"

小燕说:"别人都送了,我们不送,那不是给自己孩子找麻烦?班上评三好学生,都不是成绩最好的学生得,而是那些平时在群里巴结老师最多的家长的孩子得了。大家都心知肚明。还有,老师几个合伙在学校对面开了一家书店,要求我们孩子必须到那家书店买书,不打折的。"

事情虽小,钱也不算很多,但真是让人烦恼。这样的教育会教出什么样的孩子?不敢想象!助长歪风邪气这种事情就没有办法解决吗?

小燕说:"我们也不打算做出头鸟,去城里买了房子,下学期准备将孩子转学到城里的小学去,也许环境会有所改变吧。大的地方,教育局管理会严格一些。"

虽然网络上公开了很多教育事件,也有不少老师的不良行为被曝光处理,但对普通家长来说,为了自己的孩子,还是没有人会鼓起勇气去对抗老师。

不情愿,却不得不跟风,这是当下很无奈的一种选择。

但我们要知道,公平是争取来的,没有人会将公平和机会拱手送到门前。权益受到侵害时,要勇敢出击,而不是等待别人去争取,指望别人获胜后自己也能分到一些公平的待遇。

对快意恩仇者来说,自己的利益受到损害却躲在背后希望别人出面是不合适的。此外,还有一种更为丑陋的行径,那就是唯利是图。

有一个网友经常在某群里传播负能量,很多人都看他不惯,不少人会在他出言不逊的时候,反驳嘲讽几句。有一次,他又说了一大箩筐不中听的话,遭到不少网友的反攻。他沉寂了一小会儿,忽然说:"等明天,我将发100元的红包,分100份,每个人大约1元。"抢过红包的人都知道,红包是不可能平均分配的,这种分法,多的不过1块多,少的几毛,甚至几分钱都有可能。偏偏就是这么一点钱,竟然有不少人在后面回应,"好大方啊!""先谢谢啦!"……

当然,第二天,红包是不可能有的,骗骗一群爱占小便宜并且不拿自己的人格当回事儿的人而已。

## 你的善良，不是拿来妥协的

做人的底线何在？画饼充饥的几毛几分钱都可以收买一个人的信念、是非，这要是多给点钱……无法想象。

我曾经去一家银行开一张卡，没想到那以后很长一段时间，都有高利贷公司给我打电话，问我要不要贷款，或者金融公司问我要不要理财，还有各种乱七八糟的公司，甚至拿各种剧本的骗子给我打电话，准确地说出我的家庭地址、姓名、年龄。一种恐慌感蔓延周身。

再比如，买了房子以后，就不断有中介公司打电话来问我要不要卖房子，要不要买房子，要不要出租房子，甚至我把房子卖掉多年后，还有电话来咨询房子买卖问题。

还有，孩子读初三时，我收到了全市几乎所有知名的培训机构给我打的电话，要我孩子去参加培训，有的人孜孜不倦，一个电话能打半个多小时，就为了说服我；有的持之以恒，每周给我发一次短信，已经发了三年了，还没有停止的意思。

这些信息是谁泄露的？我们不得而知。但我们知道，出卖信息的人，内心的正直正义早已被金钱的"黑窗帘"严严实实地遮蔽。

生活中，我们常常对孩子进行正面教育，以别人家的孩子为例，鼓励自己孩子也能保持正直与正义，然而，当孩子遇到困难时，我们也会出于保护孩子的心态要求他远离危险，父母骑墙的心态，摇摆不定的作为，令孩子不知如何是好，很难下决心做一个正直的公民。如果全社会都明哲保身，并以此教育孩子，那么不能再指望社会风气一代一代好转起来。

远离"刺猬人"，不仅仅是明哲保身，有时候，还需要拿起武器自卫，甚至对抗负能量，以法为绳，有不怕打击报复的勇气和意志，才能相信下一代生活的环境会越来越好。

## 05

### 低三下四，不是你的义务

很多大学刚毕业，入职新单位的小女生不够自信，会担心同事不喜欢自己，因而小心谨慎，努力做最好的自己，期望得到别人的认可。

若兮进入新公司的时候，就怀有这样的心态。以至于谁讲话，她都尽量附和，甚至奉承；她加的每一个同事微信，不管人家发什么，她都点赞；领导在公司群里讲话，她也第一时间发"鼓掌"的表情包；别人把工作任务推给她，她也老实认真地完成。她觉得自己做得很好了，可似乎大家还是不接纳她。她想不通。

很多同事都在朋友圈互相"点赞",可是,他们却总是跳过若兮。当若兮发现他们对上下条的"说说"都点赞,唯独跳过她时,心里就有一种无法形容的难受。

她一直努力融入群体,被所有人接纳,可为什么这么难?

因为做业务,若兮慢慢地认识了圈外的一些人,不能说多么有权势,但搞好关系,对她的工作还是有很大帮助的。其中有一个媒体人Z,公司经常要通过她发点软文,或者豆腐块的小报道。因为若兮做事认真,公司就让她负责跟Z对接。

Z有点儿清高,瞧不起身份地位金钱不如她的普通人。入职不久的若兮无钱无势,自然也不在她眼里。若兮为了领导交代的事情能顺利完成,不得不请她吃大餐,而这吃饭的钱是不能拿回公司报销的,只能若兮自掏腰包。若兮的工资不高,为了应付方方面面的开销,她做起了"微商"。因为有不少海外关系,若兮能买到价格实惠的外国货,质量也蛮好,所以很多人都找她代购。

若兮也会把自己用后感觉不错的外国名牌产品送给Z。不料,有一天,Z竟然在一个聊天群里说:淘宝比微商好,微商卖的全都是假冒伪劣产品,无一例外。若兮正好也在群里,心里非常难过。她深信自己卖的不是假货,她也是很诚心送给Z,希望跟她搞好关系，没想到竟得到这样的评说。若兮只好自我安慰：她不是在说我，她说的是别人，不是只有我送给她东西，她可能自己买到了微商的假货，所以很不高兴吧。虽然这么想，但若兮还是觉得自己被伤害到了。

"我欲真心向明月，奈何明月照沟渠？"这句诗是若兮此刻心情的真实写照。既然不满意，以后就不送了，何必自讨没趣？况且，自费送礼，并不是若兮应尽的义务。

自轻自贱、巴结讨好，是很难让别人高看一眼的。被接近的人会感觉讨好者是有企图的，并觉得讨好者一切都逊于自己，自己不可能有求于对方，才会肆无忌惮践踏对方的自尊。

不仅工作圈里会出现这种情况，在某些家长圈里，也有家长因为自己孩子学习成绩高而瞧不起其他学习成绩低的孩子的家长。

朋友璐的孩子比较贪玩，学习成绩中等，平时璐和孩子同班同学的家长相处时，有的家长就很瞧不起璐。璐也察觉到，孩子班上成绩最好的同学才能得到所有人的喜欢、赞赏、羡慕。璐也希望自己的孩子能提高成绩，最好能拿到班级第一。但璐的孩子成绩一直中不溜，璐希望被人尊重的感觉迟迟没有来临。

有一次，璐在学校门口等孩子，见到两个女家长在聊天。一个说："班长家庭背景不错，好像他爸在什么高校工作。"另一个说："算了吧，不是高校老师，只是在高校做工友，没有编制的。我女儿都知道……""这样啊！"两人都露出鄙夷的表情。

其中一个女家长普通大学毕业，工作后拿到了硕士文凭，老公是"985"大学毕业，这种学历在这个班级的家长圈里并不多见。

她跟璐也认识。刚认识时，就一个劲儿地打听璐的底细：哪所大学毕业？在什么地方工作？是正式编制吗？老公是哪所大学毕业？在哪里工作？是正式编制吗？

璐觉得和这样的家长相处太累。大概比较之后，对方觉得璐的家庭实力比自己差，孩子读书也不如自己的孩子，就不大瞧得上璐了。

这位女家长会很热心地组织一些家长给老师送礼，每年都要求璐掏钱。璐不好意思推辞，也给了钱，但是送礼的人员中没有璐，她也不知道自己孩子的名字究竟有没有被写在礼物上。

这位女家长还很热情地组织班级里成绩好的学生的家长跟学生一起参加"亲子游"活动，但从来不叫璐参加。开始时候，璐还有些不愉快,但很快就想通了——自己跟对方不在同一层次,没必要高攀。

璐的孩子一直都不努力,直到初三,忽然发奋学习,成绩不断提升,并考上了重点中学。那位女家长得知之后,忽然就跟璐亲近起来,她的孩子也主动加了璐孩子的QQ,询问一些学习上的问题。

进入高中,璐的孩子又有一段学习低谷期,那位女家长对璐的热情又消退了,她的孩子也将璐孩子从QQ好友名单中删除了。

璐觉得前一段时间双方有来有往,关系挺好,忽然冷淡起来不好,就时不时为那位女家长发的朋友圈动态点赞、留言。直到有一次璐给那位女家长微信留言,对方忽然回复了一些不中听的话,璐才如梦方醒。不过,璐还是有些不理解,跟孩子抱怨说:"她怎么可以这样对我?我一直都好好对她的。"孩子看了她的微信,说:"人家根本就看不起您,您需要这么低三下四吗?您删了她的好友,不然我跟您生气。"

璐不想让孩子的情绪受到影响,便把那位女家长从微信通讯录里删掉了。璐以为自己会内疚一阵子,没想到,心情反而云淡风轻起来。原来,不委屈自己低三下四,是这么愉快的体验。

在这世上，总有一些看人下菜碟的人。如果你被这些人认定没有利用价值，那么你出于友好向他们表示的热情和善意，会被他们认为你是在低三下四、讨好奉承，进而会愈发看不起你。跟他们保持距离，道不同不相为谋，提升自己最重要。

## 06

### 你想要的,请直接说出来

小A是一个妙龄女生,美丽沉稳平和让人容易接近的外表下,藏着一颗"戏精"的心。

几个舍友同处一室,大家和睦而融洽。离家近,每周都回家的舍友小C时不时带一些妈妈做的甜点回来分给大家。开始的时候,小C问:"你们谁要吃?"几个女生一窝蜂地扑过去,抢着吃,边吃边说:"好吃好吃!"而小A只是微笑着静静地看着她们。小C问小A:"你不也来点儿?"小A依然微笑,说:"她们爱吃,给她们吃。"小C说:"每人都有份,别客气。""我没关系,给爱吃的同学吧。"小A话音刚落,一个嘴馋的女生就把小A

的那份也塞进了嘴里。

这样的事情发生了好几次，大家见小A总是推让，就以为她真的不爱吃零食，因此再有谁分享好吃的，就不再问小A需不需要了。

有一次，小A去洗澡，手机放在椅子上，没有锁屏。正好小C要用椅子，拿起小A的手机准备放到桌子上，无意中瞥到小A的聊天内容，发现小A不知在跟谁抱怨：她们吃东西，也没想着分给我；她们一起出去逛街，也不邀请我；她们好像在孤立我……

为什么会这样？小C无法理解。明明大家都表示过分零食给她吃，是她自己说不要的，现在变成说大家没分给她；大家一起出去玩，都是在宿舍里呼一声，想去的一起去，有事就不去……她自己不去，怎么能怪我们不叫她呢？难道，她说不吃，还硬塞到她嘴里？她不起身一起出去玩，还硬拖她去？……

合群的人都是一样的，不合群的人各有各的小心思。就算现在大家知道了小A的性格，愿意顾及她的想法，愿意体谅她，那么，将来工作了，走到社会上，会遇到各种各样的人，大家都有自己要过的生活，人家知道你是谁？有怎样的教育背景、家庭经历，养成了什么样的公主脾气？抱歉，大家都很忙，没有谁必须

## 你的善良，不是拿来妥协的

那么善解人意，必须时刻揣摩体贴人心。

无法周全地顾及他人的感受，是本分；能照顾到他人的心理情绪，是情分，需要高情商为支柱。其实，在生活中，不仅朋友、同学之间做不到完全的同理心，就是有血缘关系的亲人也很难做到。

老林，年近七旬，平时喜欢独来独往，对家人缺乏耐心，一说话就起冲突，彼此之间都觉得为避免争吵，干脆少说几句。时间久了，沟通越来越少，老林在亲戚跟前抱怨儿子："好几年都不叫我一声'爸'，都不跟我说话。"小林则向外人解释："谁说我不叫他啦？还好几年？真是健忘。"

有一次，老林去登山，走了一天的山路，下山的时候脉管炎发作，疼痛不已。他打电话给儿子，说自己走得很累，腿疼。儿子安慰他说，多休息一会儿再走。

后来，老林跟朋友说起这件事，气得不行："他就这样对待他老爸？有车也不懂得开过来接我？这儿子有什么用？以后，我再也不会坐他的车，有事情也不给他打电话！"

儿子听了别人的转达，无辜地说："我怎么知道他需要我开车去接？他一直都不坐我的车。我还怕车开过去，他生气，不肯上车。他要直说要我开车去接，难道我还能不去？"

无论男女老少，不愿意把心里的想法直接说出来的人，都是患了"公主病"，理所当然地认为别人必须要懂得他的需要，会想在他的前面，会主动替他解决他不明说的难题。

这种"公主病"心态在恋爱中是最常见的。

男生：今晚去哪儿？

女生：都可以，随便。

男生：去看电影吧？

女生：电影有什么好看的？最近没有大片，电影院里空气不好，很闷。

男生：去公园走走，那儿空气好。

女生：公园里人很多，大爷唱歌，大妈跳广场舞，还有跑步、快步走的，数着脚步，一圈一圈在身边绕，烦死了。

男生：去吃韩国烤肉？

女生：不好，空气太差，而且烧烤对健康不利，再说，我在减肥……

男生：……

## 你的善良，不是拿来妥协的

女生：你干吗不说话？

男生：你说去哪里，我都可以。

女生：我随便，去哪里都可以。你倒是说个地方去啊！

这种纠结型的女生，在男生看来是很难对付的，一旦伺候不好，说谈崩就谈崩。开始时，男生有耐心倒还过得去；时间久了，耐心被磨没了，觉得是在受罪，被折磨，就很难继续奉陪了。

还有一种女生属于口是心非型，嘴里说出来的都是善意体贴的温言细语，心里其实已经唇枪舌剑百八十回了。面上的善意终究抵不过骨子里的需求，这种需求被压制着，在最后关头爆发出来，伤人伤己。

小J和男朋友谈恋爱时，很支持男朋友发展事业，男朋友也常跟人夸她："她跟其他女生不一样。她不缠着要我陪，给我空间去发展事业，她知道我所做的是为了我们俩未来的生活。"

然而，当小J和男朋友提出分手时，男朋友完全不敢相信。

男朋友：为什么？我们没有矛盾，我努力赚钱是为了你，为了我们家庭将来会更好。

小J：我需要你陪我，像其他正常女生那样。现在，有人能做到，我希望你放手，我们好合好散。

男朋友：可是，你以前都是很识大体，很懂分寸，跟其他女生不一样。

小J：是的，我表面上是那样的，但我心里却不是。我想要你陪我，哄我开心。

男朋友：你为什么不早说？！你要说了，我会想法抽时间来陪你的，再给我一次机会……

小J：没机会了。你在我心里已经是过去式。

男朋友：为什么这么绝情？

……

似乎不少女生都有这种"口是心非"的毛病，表面云淡风轻，心里波涛汹涌，每天为小事愁烦得不行。男朋友没有及时回复，就会想到："他为什么不理我，是不是另有所爱了？我在他心里的分量到底有多重？"如此这般，自我加戏，自我折磨到无以复加。

**你的善良，不是拿来妥协的**

其实，多数男生没有那么细腻的心思，他们最希望女生讲出心底的想法，这样他们才有目标，努力去做，尽力去改。如果做不到，也能直接表达，或者改变思路，有所变通，尽全力让彼此满意。

有话直说，是情感沟通顺畅的保障。无论是同学、朋友、亲人，还是伴侣，遇事明说，共同寻求最好的解决办法，才能让生活少憋屈，多畅快。

**07**

## 声明立场，有理有利有节

阿姝大学一毕业就到了现在所在的公司，因为从事的工作没有挑战性，收入中等，也没有什么额外收入。不过阿姝对此没有什么想法，她信奉"花的钱只要比赚的钱少一元，就不是负翁"的宗旨，平时生活特别节俭。这样，长期下来，也存下了一些钱，不缺少安全感。

公司加薪不是每年都进行的，每隔若干年才有一次，一次只有少部分人有资格。阿姝想："总会有轮到我的一天吧？"

过了十几年，她从少女熬成了少妇，终于有机会往上晋了一级，然后又是漫长的等待。周围同龄的，条件差不多的都早就加薪了,拿到比她多得多的工资已经很多年了。

又过了若干年,终于,等来了一个加薪的机会,然而很多人都虎视眈眈,盼着轮到自己。有同事劝阿姝去找领导,不能再错过这次机会。阿姝说:"我相信这任领导会主持公道。我都在公司干了这么多年,不可能再轮不到了吧?"

同事不知道说什么好,叹了一口气。

阿姝没看错,这一任领导果然坚持公平,一切条件公开透明,全都摆在桌面上逐条对照,参评者都无话可说,输也输得心服口服。但是有个年龄比较大的大姐不服,数次去找领导,要求再给自己加薪一次,说再过几年她就退休了,现在不加,以后没机会了。阿姝听说了这个消息,心想如果领导扛不住压力,很可能会劝自己把加薪的机会让给那位大姐。为了不让领导为难,阿姝做好了"让"的思想准备。没想到,领导坚持原则,尊重参评结果,任凭那位大姐好说歹说,都不为所动。阿姝感激不尽,之前劝阿姝找领导的那位同事也祝贺阿姝,同时也称赞领导一碗水端平,是位好领导。

这是阿姝的好运,遇到了公正的领导,但不是每个人都有这样的好运。

能坚持原则底线,能把持住公平公正的领导都会受到员工的爱戴。但也有一些人内心的天平从来没正过,总以自己的想法为衡量的标准,觉得这样做会显得自己更有同情心,更懂得人文关怀,就会卖"人情",却不知这样做损害了另一部分人的权益,而且破坏了整体公平公正的氛围,想要再让所有员工信服,就难了。

阿威遇到的类似阿姝的事情就很让他郁闷。他单位也有一个晋级的指标,也是排队等候者甚众。按照考核分数,阿威名列第一,但是人力资源部的负责人对他说:"某位同事跟我说了,她再过三年退休,这次没轮上,下一次说不定就退休赶不上了。希望你今年让她先上。你还年轻,还有机会。"

阿威鼻子都气歪了:我是凭实力上的,又不是走歪门邪道,凭什么要我让出来?

他冷静下来,不卑不亢地说:"这样做不好吧?!用"人情"代替规范,那以后大家谁还信规范?大家都不信规范了,那公司还有凝聚力吗?还怎么发展壮大?"

人力资源部的负责人没想到会碰一个"钉子",但面对阿威如此有理有节的表态,也没有底气再坚持意见,只好笑了笑说:

# 你的善良，不是拿来妥协的

"我不过是问问你，没事儿了。"

遇到这种上级以照顾某位同事感情而要求你"让"机会出来的情况，切记：让，是情分；不让，是本分。千万不要违背自己的内心，明明不情愿，却要显出大度，为了面子，嘴上答应"让"，心里却长久地难受。像阿威这样直接表明自己立场的做法最可取。

小媛也是一个心善的女子。有一回，以前的一个高中同学来找她，借她身份证用。小媛很为难，她听说过身份证不能随便借给别人。但是这个同学以前跟她是同桌，两人关系不错，拒绝的话她说不出口。同学接过小媛的身份证表示感谢，说很快就还给她。

对方说话还算数，过了半天，就把身份证还给了小媛。不过，接下来的事情让小媛的心悬了起来——同学失联了。不管小媛通过什么方式，都联系不上对方。小媛提心吊胆地过日子，不知道借出的身份证跟同学失联有没有关系。过了一个月，没人来找小媛；过了三个月、半年，都没有。小媛心里的紧张焦虑也就消失了，还为自己的疑神疑鬼有些自责。然而，一年以后，忽然有电话打来，说小媛的公司为别人提供担保，现在债务人跑路了，小媛必须代为偿还欠债！小媛顿时浑身发凉，大脑一片空白……

如果小媛当时拒绝把身份证借给同学，最坏的结果是对方跟她翻脸。但那又有什么关系呢？这种算计人、坑人的所谓"朋友"，与之绝交越早越好。

## 08

### 被坑了,要有自己的姿态

善良的人以为人人都跟自己一样:助人为乐,不求回报。然而,有些人助人是有企图的。这类人喜欢做顺水人情,以求日后找机会利用"受助方",甚至他们之中还不乏打着助人幌子做着坑人勾当的奸邪之徒。

林林大学文科专业毕业。读大学的时候,有一段时间,她生病没去课堂,落下了一些课。病好后,有的课程要考试,考题范围不出课堂笔记内容。林林因为生病没能记课堂笔记,就找班上平时笔记记得最全的女生借。然而对方说她的笔记不好,又说当时没注意听,没记全,还说笔记放在哪里也忘记了……林林很失望，打算找其他同学借。结果，片刻之后那位女生跟林林说，她回家再找找，找到了就带来。

第二天，那位女生拿着一叠复印资料给林林，说："昨晚特意去打字复印社给你复印了一份。"林林感动得快哭了，不停地说"谢谢"。

然而，考试的时候，林林发现自己借用复印笔记复习的内容和老师所考的绝大部分不一样！她尽全力，只考了个及格分。这一成绩拖了后腿，导致她后来参评奖学金失去了机会，连三等奖都没有拿到。林林很伤心，而那个女生却凭着各科都很出色的成绩，拿到了一等奖学金。

将要放假，有一天，林林整理宿舍东西把那一叠复印资料放在宿舍的写字台上，被一个同学看到了，问是哪里来的。林林告知来源。同学说："这份资料不是我们这个年级的。我曾经在辅导员宿舍见过，是上届学姐留下的，不是我们记的课堂笔记……难怪你考砸了！"

林林非常气愤，想找那个女生闹一通，可是又一想，闹有什么用？一切都尘埃落定，奖学金肯定没法争取回来了。再说，对方要是反咬一口，说自己诬蔑她，自己也百口莫辩……就这样算

你的善良，不是拿来妥协的

了？心里又无比憋屈……

后来，林林发现自己并不是唯一的"受害者"，有好几个同学都被那个女生以不同的方式算计过。

终于，有人忍无可忍了，把班上的"受害者"召集到一起，提议："咱们不害人，但是这样轻易放过她，让她以为害人不需要成本和代价，等于鼓励她以后继续害人。一定要遏制住她的这种不道德行为，让她以后不敢去害人。"

最后，大家决定给那个女生写一封匿名信，把她做过的所有算计、坑害同学的事一一写上，让她自己对照，让她知道"要想人不知除非己莫为"，再不收手，就向全校曝光她的卑劣行径。

果然，匿名信发出以后，那个女生老实多了，再不敢对同学施展她那一套见不得人的鬼把戏了。

遇到爱算计别人的人，提高警惕避免中招最好。万一不小心中了招，决不能吃哑巴亏。要采取措施警告对方，让他认识到要小把戏算计别人是可耻的，是不可能一直掩人耳目的。这样做也是帮助他、挽救他，好让他迷途知返。

## 09

### 每个人的"惨",只有自己知道

"悲惨先生"可不是受欢迎的性感男士,一般人都对他避而远之。但是,他喜欢依附着人,可不会轻易离开,除非你用全力打败他,才能迎接"幸运小姐"的到来。

著名散文大家王鼎钧先生在《茧》一文里写了一个不幸的人。王先生去私立救济院看他,希望能为他做一两件事。第一次见面,得知他眼睛没有全盲,可以看见近距离的东西,而且英文也不错,还会打字。他希望换一家条件好的救济院,于是王鼎钧劝他接受一份听英文打字的工作,他却说自己过几个月就会完全看不见。第二次见面时,他果然全盲了。他又说,空气不好,会得肺病，恐怕已经得了肺病。接下来，不用猜也知道，王鼎钧是在医院的病房里再次见到他。王鼎钧对他"料事如神"感到吃惊，后来知道这是他生存意志崩溃所致，虽然他有能力得到更好的生活，但他的精力都用在设想各种最坏的情况。一门心思总想着和"悲惨先生"见面，"悲惨先生"一定会上门做客。灾难，终究要降临到头上。

王鼎钧先生后来见的人多了，遇到一些开朗乐观的人，他们永远期待更好的事情发生，并为此不懈努力，后来大都如愿以偿。

在生活中，我们也会遇到这样一种人，人们将之称为"悲观主义者"。遇到好事，总会联想到反面——福兮祸之所伏，担忧好运来了，厄运也会跟在后面。这种真"悲观"，发自内心，难以挽回。

还有一种人，本不悲观，在任何方面都很优秀，但是一旦有人触动他的心弦，他就会表露出自己的不幸来。

琳和芊芊前后相隔一年进的公司。琳虽然比芊芊早一年工作，但各方面都不如芊芊。芊芊来没多久，就和所有的中层领导打成一片，并向上层领导发起了进攻，琳却一直都懵懵懂懂，只管做好自己分内的事，至于公司里的人际交往，则兴趣寥寥。

多接触上级的好处是容易让上级看到自己的才能，芊芊的才能很快就被相中，大家都觉得她办事条理清楚，有想法，从来不用领导操心。琳工作起来却磕磕绊绊，时不时捅点小娄子。也许因为前后脚进的单位，又曾经在一个部门工作过，琳和芊芊平时也来往，说点儿悄悄话。琳一直把芊芊看作是自己的好朋友，至于芊芊怎么看她，她不知道，也没有想过。

三年后，芊芊升职了，成了部门副主管，办公室搬离到琳的隔壁。又过了五年，芊芊成了主管，琳成了她的手下。琳还是那样不紧不慢，磨磨蹭蹭，不思进取。芊芊很忙，除了公事找琳做之外，并没空跟她多沟通。二十年后，芊芊已经是公司的高层，琳还在原地踏步，做着最基层的活儿。琳对工作似乎没有什么特别追求，因没有升职，收入就不高，这对于来自农村，上有老下有小，嫁个老公又不是很会赚钱的她来说，生活压力有点儿大。孩子成绩不是很好，琳也没条件像芊芊那样把孩子送到补习班补习，只能和老公在家勉强辅导，效果自然不理想。

转眼孩子读初中，叛逆期到了，经常跟琳对着干，搞得琳头大无比。有一天，芊芊找琳布置工作。琳已经很久没有和芊芊交

你的善良，不是拿来妥协的

流了，等芊芊讲完工作上的事，就问芊芊她孩子的学习状况，芊芊说："刚刚收到一所'双一流'大学的录取通知书。"

琳知道芊芊嫁得很好——当初芊芊邀请琳做她的伴娘。结婚后，芊芊家庭美满，自己每天光彩照人，老公精明能干，孩子聪明上进。所以，芊芊一直是大家羡慕的对象，琳也不例外。当然，芊芊有她超乎常人的努力付出，这样的回报也是应得的。

琳慢慢地讲到自己的生活：父母在农村生活，年纪大了，没人照顾，收入也低，比不了芊芊父母都是高级知识分子；自己的老公很普通，自己的孩子更是不能跟芊芊的孩子比……

芊芊说："你只看到我风光的一面，没有看到我艰辛付出的一面。没错，我收入是比你高，但是我花销也大。你不需要经常出差，但我需要，所以得买很多穿得出去的衣服——这笔开销你就省了不少。我去出差，还需要随身带好的笔记本电脑、好的手机，不然工作不方便，对吧？再说，孩子是最重要的，孩子要上好的学校，找好的补习老师，这些支出也不是个小数目。你说你工作忙？你能忙得过我？我经常加班到晚上10点。你说你父母没人照顾，我父母也有一定年纪了，也要花钱找保姆照顾；你说你身体不好，我肩膀痛，腰痛，胃肠不好，还有妇科病。每个人都很艰难,你看我很好,其实不是没有难处,只是不愿意表现出来而已。"

芊芊噼里啪啦"竹筒倒豆子"一般冒出一堆话来。琳听了很吃惊,没有想到芊芊也有这么多的难处,平时完全看不出来,一直都觉得她无比风光。

如果想得到芊芊那样的人生,就得要有她那样的付出,自己能做到吗?琳问自己,随后摇了摇头。

把"惨"挂在嘴上,都是希望博得别人的同情,同时也为自己的不努力付出找借口,为自己的不上进找理由。

有说"惨"的时间和精力,不如多学点儿知识技能,或谋算些能让自己做得更好、更优秀、更出色的事业,这样"悲惨先生"才会退避三舍,"幸运小姐"才会翩然而至。

你的善良，不是拿来妥协的

第二辑

# 你值得拥有自己的舒适圈

当自己各方面条件不能与人并肩而立的时候，切莫挤进去，那不仅不会捞到想象中的各种好处，还可能被伤得很深。若想看高一层的风景，请再修炼自己。等到你能一步跨越，成功登顶，那时，谁也不能把你踩下去了。

## 01

## 别因害怕被孤立而去"合群"

人是群体性很强的生物,多数人喜欢在群体活动中寻找安全感。但是在群体中,为了迎合其他人,个人的能量会被严重削弱。

男生阿海一直都是很健康、很阳光、很上进的形象,读书时是学霸,课余还喜欢学习学科以外的知识,每天还挤出一个小时运动健身。这样的好形象让他很受欢迎。阿海找的第一份工作是一家企业。他在技术部门工作,工作之余,资格比他老的同事喜欢凑在一起打牌。阿海希望能早日被群体接纳,所以,同事一招呼,他就加入进去。

**你的善良，不是拿来妥协的**

让阿海吃惊的是，这些毕业于高等名校的同事们对打牌会那么痴迷，不仅晚上会相约聚到一起打牌，周末也打牌，甚至去工地，也会忙里偷闲到附近的小公园里凑一桌。阿海不得不跟着打牌到昏天黑地，虽然心里一直有退出的想法，可是，大家都这么干，若自己退出，会被大家认为自命清高。在男人世界里，虽然没那么多闲话，但若是被大家认定为自命清高，那做起事来无疑会遭受诸多本可以避免的挫折。

这么一来，女朋友想见阿海一面都很难，怨言不少：说好的一起努力，去考研，阿海根本没时间复习；说好的一起奋斗，买房子，现在却忙于打牌。对此，阿海解释说："我又不是去约会其他女人，也不是玩手机，玩大型网络游戏，更没有赌博，只是大家无聊，凑一起打牌而已。打牌又不是搓麻将，一坐大半天，打牌随时可以解散。"

"你随时解散了吗？"

"怎么能说走就走？那不是很不合群？"

"是打牌重要，还是我重要？认为我比打牌重要的话，就戒掉牌瘾！"

"你怎么变得这么不通情达理？我根本就没有上瘾，但是新到一个单位,不得跟大家搞好关系?"

"搞好关系又不是只有打牌一条路!"

"但是,在我们部门,大家只是爱好打牌,没别的搞好关系的路子。"

"你坚持这么颓废下去,咱们就别在一起了,一拍两散吧。"

……

后来,阿海跳槽了,也就不打牌了。不过,新的科室里,年轻人又有另一种合群的方式,一起玩大型网络游戏。

有了上一次的经验教训,阿海没加入他们的"游戏"。虽然显得有些不合群,但是阿海做好自己的本职工作,倒也没有被孤立的感觉。

原来,"合不合群"并没有想象中的那么重要。

用去"合群"的时间来做自己感兴趣的事,天长日久,有所长进,有点成就,让大家刮目相看,高攀唯恐不及,哪里还会去想你这个人"合不合群"。

有一种"合群"是自己没有很强烈的意愿,但是被人裹挟着"合群",是被逼的。

## 你的善良，不是拿来妥协的

小慧家境一般，很乖很听话，她拼尽全力考上本省的一所普通大学。读完大学，赶紧找工作，以减轻父母的压力，接济还在读初中的弟弟。但是，想得到一份有编制的工作太难了，必须考试，还得考第一名才有机会。而小慧考不过别人，也没有足够的钱去参加机构举办的各种考试培训，所以，找的工作也只是临时的，收入不高，月薪才2400元，要吃饭，还要交房租。小慧很节俭，房子与人合租一间，每月房租、水电费等分摊500多元；吃饭，自己动手用小电磁炉做，每天控制在15元以内；至于买衣服，每个季度买一件打到最低折的。这样她才能每月省下1000多元钱给家里。

但是，"人在江湖，身不由己"。她所在的科室主任很喜欢搞"团结"，就连新来的临时工也要"团结"；喜欢所有人都合群，不喜欢有人落单。

小慧自知经济条件不能跟别人比，所以，平时小心翼翼的，不随便吃别人东西——因为她无以为报。但是，科室主任很热情，经常把自己去各地旅游带回来的特色小吃拿来请大家吃，小慧不敢凑近，主任就送到她面前，说："客气啥？在这一间办公室里，大家都是自己人。"主任都这么说了，小慧也不好过分推辞，不然显得自己太傲慢。所以，她就接过一块云南鲜花饼。从这以后，主任每次带东西来请大家吃，都少不了给小慧一份。时间久了，小慧也就习惯了。

上班一个月后，有一天下班之后，主任说："今天我请大家吃饭。"小慧不明白为啥要请吃饭，就问比自己早半年来的一个女生，那女生说："这是这儿的传统，一个月聚餐一次。主任喜欢请客，开始都是她请大家，后来，大家也不好意思，决定每人轮流做东一次。我们有10个人，每月一次，10个月轮一次，也还可以，不算太重的负担。一个人出去吃大餐，几乎不可能，人多凑一桌，就可以吃得又多又好。赚钱嘛，就是要享受生活，花出去的钱才是属于自己的，不然，赚到的钱都不是自己的，以后，还不知道会被谁用掉。"她说得一套一套的，好有道理。有钱，谁不想享受生活？但目前状态下，小慧没法做到。

这事儿可把小慧纠结坏了，她做不到10个月后拿出一两千块钱请客。那是她寄回家一两个月的生活费，是弟弟的读书钱。

小慧满脸歉意地跟主任说自己就不去跟大家一块儿吃饭了，因为自己一向不习惯在热闹场合吃饭。主任哈哈一笑，热情地说："那可不行！你是新来的，我还从来没请过你，一定要请

你的善良，不是拿来妥协的

你！再说，我们科室都很团结，我可不能给别人把柄，说我不团结新员工。而且，你要学会与人交往，要合群，不管将来去什么单位，合群是最重要的。合群意识要从现在开始培养。你不能不给我这个面子。"小慧无言以对。主任又说："去，一定要去。到时候，你要是感觉不舒服，我开车送你回家。""不用不用，那太麻烦了……"

小慧只好跟着去了。席上，大家都很开心地吃喝说笑，只有她，心里忧愁极了，脸上还不能表现出来。

去了一次，就不能不去第二次，然后就有第三次、第四次……一个一个轮下来，距离小慧请客的时间越来越近了。

小慧越想越发愁，不知道该怎么办才好。最后，在她将要请客的那个月，她做出了一个痛苦且愧疚的决定——辞职了。

大家面面相觑：小慧怎么了？有人欺负她吗？没有啊！她找到别的工作了吗？好像也没有听她说。难道，是因为不想请客？所以，溜了？这也太滑稽了吧？可是，事实好像就是这样的。

于是，各种蔑视纷纷出笼：小慧竟然是这样的人……无法想象……太有心机了……看她老老实实的……想不到，只会占别人的便宜，不肯回报……竟然用辞职来逃避，也是绝了……

"你永远不懂我伤悲,像白天不懂夜的黑……"人跟人之间有时候就是这么隔膜。

如果像阿海那样,自己想"合群",自己承担"合群"的后果也就罢了;像小慧那样有实际困难,却被迫"合群"的,也得承担后果,就难为人了。

每个人都有保持独立的权利,也应该拥有自愿选择"合不合群"的自由。

## 02

### 不是自己的圈层，无须挤进去

某些人从学生时代起就有了这样的意识：远离差生，跟好学生一起玩。随着年龄增长，这种意识也在茁壮成长。多认识比自己强的人，对自己有帮助的人，这样才能更快地提升自己。

苓是一个家境一般的女生，父母都不在身边，她跟年迈的爷爷奶奶一起生活，但像莫泊桑小说《项链》里的女主角玛蒂尔德那样，她很想拥有奢华的生活。可是，从幼儿园开始，她上的都是普通学校，没接触过名校、名师，更没有机会认识厉害的同学，自然也没有可能结交高阶层的朋友。

颜值，算是她的一个还拿得出手的资本，她总在梦想能遇到优秀的男生做朋友，可是，她没有机会让优秀男生看到她的颜值。有什么解决问题的办法呢？她想到了直播，她想做网红，这样赚钱快，而且会让更多人认识自己，其中一定少不了有钱有势的男人。

做美妆直播后，还真的遇到一个打赏特别大方的男人。不久，男人要求见面。见面了，苓才发现，他不是自己的菜，长相实在不敢恭维。可是架不住对方有钱，还答应送一辆车给自己。苓心里美滋滋的。

男人说苓这么好看，他要带她去参加他家族的聚会。他家族是做生意的，每个人每年营业额最少3000万元。苓欢天喜地去了，直播也不做了。心想：已经钓到大鱼，还做什么直播？

男人没有说谎，他家族真的都是有钱人，一个个浑身上下名牌，手里拿着手机忙着浏览网页、发微信。男人介绍："这是我的新女朋友。"苓以为他们会很热情招呼她，哪知，那些亲戚们只是抬眼看看，又低下头去看手机了。

有亲戚找男人，男人跟着出去了。苓第一次参加这么高大上的家族聚会，不知道什么该说什么不该说，就一个人安安静静地坐着。

## 你的善良，不是拿来妥协的

她听到他的那些女亲戚在旁边毫不客气地议论——

"这女的谁呀？"

"谁知道？"

"反正都是不三不四的，都是看中他钱的。"

"不看中他钱，还看中他啥？"

一阵笑声。又有人说："我总结出来了，凡是美女跟他，都是穷得够呛，有钱有颜值的，谁会看中他？"

"就是就是。"

原来男人在自己家族里的地位这么低！苓几乎要夺路而逃。

这时候，又有人不屑地说："别看他有钱，不过都是他母亲给的。在咱们家族里，他最没本事，就会啃老。"

苓站起来，向门口走去，没有人挽留她。

走到外面的时候，她的眼泪掉落下来。她想象中的有钱人聚会，应该是很高端的，不是这样闲话不断的。这样的圈层，不是自己想要加入的。

某家小单位的一个女领导，因为单位小，交际圈子比较窄，一直想认识更多有权势的人。有一次，单位招聘，有十几个条件差不多的大学生报名，部门负责人跟女领导明确表示想招男生，但是女领导却招进了一个女生。部门负责人说："咱们这工作经常要出差，女生不合适。"女领导说："可不能搞性别歧视。女生也需要机会锻炼。"

部门负责人无奈地走出办公室，不接受也得接受。

这个女生来了，别提有多娇气，拈轻怕重，经常迟到、请假，每次外派部门经理都只能派别人。就这样的工作状态，两年后女领导竟然指示给她评市级先进。迫于女领导的威压，所有人都敢怒不敢言。

后来，大家才听说这个女生男朋友的父亲——未来的公公，是省里司法部门的高官。

女生结婚的时候，从不参加员工婚礼的女领导亲自送礼道贺，和结婚双方家族的人都见了面，要新娘帮她一一介绍，还不断发名片请大家多关照。

后来，女领导被人举报有经济问题，她找那个女生，请求对方帮忙，给公公捎话替自己说情。

女生带来的回复是，她公公要女领导相信法律是公正的，他奉公守法，从不替任何人说情。

你的善良,不是拿来妥协的

女领导哑口无言。

她以为自己付出了一点小恩小惠,别人一定会回报她,且不说她的层次根本没被人接纳,就算攀上了高枝,谁又能为她去损害自己名誉和前途的事?她这领导也是白当了,始终不明白:身正不怕影子歪,做事公私分明,光明正大,才能平安上岸。

当自己各方面条件都不能与人并肩而立的时候,切莫一厢情愿地挤进对方的圈层。那样,不仅不会捞到自己幻想的各种好处,还可能被伤得很深很重。

## 03

## 从勾心斗角的"漩涡眼"里挣脱出来

职场新人,但凡有点上进心,都会有一种希望得到老员工认可、尽快融入团队的念想。然而,为了融入而融入,巴巴地去加入一些小团体,往往会让自己处于勾心斗角的"旋涡"之中。

小蓉大学毕业后,进了一家私企。这家公司每个部门都有自己的小圈子。小蓉初到公司,进的是销售一部。这个部门是公司主要赚钱的"要害"部门。小蓉在大学学的是销售,她也喜欢有挑战性的销售工作,觉得跟很多客户打交道,可以锻炼自己,可以学到很多东西。

小蓉的工作做得不错,一年下来,销售额已经名列前五,多

你的善良，
不是拿来妥协的

次上了公司的金牌销售榜。

小蓉的顶头上司是个女的，做事有能力，也有手腕，对下属都很好，也比较关照家在外地的小蓉。小蓉是那种有恩必报，而且是滴水之恩涌泉相报的人。她感激部门领导，凡是领导叫她做的事，她没有不做的。她做事能力很强，每件事不仅做好，还力争超过大家的期望。这样的员工谁不喜欢？小蓉在上司这边很得宠，同时，她因为工作关系，跟总经理有过接触，总经理也对她非常满意，想把她调到自己身边做助理。

然而，小蓉在跟总经理少量的接触中，却已经感知这位女性总经理有些不厚道。比如，她会欺上瞒下，向董事长汇报工作时，将员工的功劳占为己有，把她看不顺眼的人痛批一番，董事长却偏听偏信，对她信任有加。大家或没有机会接触到高层，或碍于她的威严不敢越级反映实情，以致她一时间风光无两。也有人给董事长打投诉电话，但只敢用变音软件把原声隐藏了说话。董事长接到这种电话，不予采信，他认为这是有人嫉妒总经理能干，要黑她，把她弄下去。像她这么能干的人，打着灯笼也不好找。

就这样，总经理在公司要风得风，要雨得雨。

总经理时不时打电话叫小蓉到她办公室聊天，小蓉知道她要拉拢自己，而自己的部门经理跟总经理关系一直不好，小蓉不愿意自己"攀高枝"让部门经理伤心。可是，总经理叫了，又不能不去。去了，总经理就在小蓉面前讲自己的雄韬大略，对公司未来发展的想法。小蓉听了，觉得她挺有思想的。有时候，总经理会暗示小蓉：你的经理有哪些哪些缺点，不值得为之卖命。小蓉知道事实并非如她所说，内心为部门经理抱屈，但也不敢为之辩白。毕竟自己是新人，虽然销售工作做得不错，但是没有话语权，不能给自己惹麻烦。

总经理这么厌烦销售部经理，却不能拿她怎么样，因为她实在太能干，不仅自己能干，还能带动全部门的员工投入工作，公司的收入来源70%指望她，如果真得罪她，万一她辞职走人，万一她被竞争公司挖走，带走主要客户，那董事长是不会答应的。追查下来，发现是她总经理逼走了销售部经理，可就没法解释了。所以，总经理虽然很有心计，但也知道此间的利害，不敢为所欲为。她只能做点小动作，使点小坏，让销售部经理恶心，又不至于辞职。

总经理拿销售部经理没辙，并不等于她拿小蓉也没辙。她软

你的善良，
不是拿来妥协的

磨硬泡要求小蓉答应做她的助理。

小蓉知道，自己一旦答应了，销售部经理必定会难过。小蓉不能让对自己好的上司难过，可是又不能强硬拒绝总经理的"好意"。她纠结痛苦，不知道该怎么应对这个问题。

也许因为心理压力太大，小蓉生病了，严重胃肠炎，上吐下泻到脱水，不得不住院治疗。住院期间，部门经理几乎每天下班都来看她。小蓉十分感动。她知道，部门经理的孩子正在读初三，准备中考，部门经理每天除了上班外，还要赶回家给孩子做饭，晚上加班做报表。这种情况下，还来医院看自己，能不感动？小蓉决定了，以后死心塌地跟着经理，不管总经理开出什么条件，都拒绝做她的助理。

可是，现实并不能如愿。小蓉身体好了以后，总经理还是不断来拉拢她。小蓉不厌其烦，用各种委婉的方式拒绝，但是总经理不达目的不罢休。小蓉没见过这样的领导，她跟闺蜜说了自己的无奈。闺蜜说："你跟你部门经理说过吗？"小蓉说："我不敢啊！本来两个人就有矛盾，我再去说，又增加矛盾，到了矛盾冲突爆发的那一天，不是我的罪过吗？"

小蓉因此深陷两个领导勾心斗角的"漩涡"中，她的痛苦在于一边是真心对自己好的人，另一边是更有权势，只想拉拢自己的人。她的内心倾向真心对自己好的，然而另一边又是不能得罪的。

这种纠结与痛苦时刻折磨着她，她觉得应该辞职，远离是非之地，但是又舍不得，毕竟是第一份工作，而且自己干得很顺手，周围同事也不错。

最后她不得不去咨询职场专家。

"你考虑一下，最坏的结局是什么？"专家问。

"辞职走人。"小蓉回答。

"你能承受这种结局吗？"

"可以，大不了再找一份工作。即使收入比这份工作低，只要心情愉快，也没问题。"

"你能保证在新公司就不会遇到这种情况？"

小蓉没考虑到这个问题。确实，挪个地方，也避免不了会碰上类似的状况。

"除了辞职外，还有没有其他办法？"专家提醒。

"我不想伤害我的部门经理，那么只能得罪总经理了。这正是我纠结的地方。"

"得罪总经理最坏的结局是什么？"

"也是走人。这我不怕。"

"既然没啥可怕的，那你还犹豫什么？"

"我知道了。其实，是她需要我为她卖命，而不是我需要她替我做什么。如果她还有点总经理的理智和格局，她应该不会对我的收入下手。一旦对我的收入下手，我可以去告公司，她也麻烦……"

小蓉决定跟总经理摊牌。

优柔寡断，是不能把自己从勾心斗角的"漩涡"中救拔出来的，"当断则断，不受其乱；当断不断，必受其乱"。

若陷入勾心斗角的"漩涡"左右为难，请思量一下，能承受的最坏结局与自己的原则和底线相比，孰轻孰重。

如果痛苦为难的程度超过能承受的最坏结局，那么，明确立场，是最有力量、最有效的解决办法。

**04**

## 洁净朋友圈,做一简单人

微信朋友圈的范围扩大了,什么人都有,人性的优劣点都展现在面前。

小倩是一个安静的姑娘,一般不主动加别人为微信好友,多数是其他人加她。有一天,一个女生通过群聊加她。因为对方在群里表现得很热情开朗,所以小倩就通过了她的好友申请。

这个女生开始的时候很热情地跟小倩聊天,聊了两天之后,开始推销保健品。小倩招架不住,又不愿意买,哼哼哈哈的,应付了几次之后,女生慢慢地就疏远了小倩,最后当她不存在了……小倩终于有一种解脱之感。

你的善良，不是拿来妥协的

小倩也遇到有陌生人加她之后，不聊天，不点赞，也无事相求，让她摸不着头脑，不知道对方为什么要加自己，难道是为了潜伏在朋友圈里看自己的动态？又不熟悉，有什么好看的？后来，小倩在一次清理朋友圈时，把这样的"僵尸友"都给删除了。

小倩结婚多年以后，有一个高中同学的弟弟加她。她看了对方的朋友圈，发现是做装修设计的。小倩以为对方加自己无非就是想多找一个潜在的客户，没想到，这个同学的弟弟竟然向她表白！对方说，多年前，他姐姐领着小倩到他们家玩，他就喜欢上了小倩，只是当时不敢说，现在他虽然已是两个孩子的父亲，但是感情生活不幸福，想起小倩，后悔当初没敢表白。

小倩被这突如其来的表白唬得一愣一愣的。她完全不能接受，可是，对方时不时微信语音留言，夸她人美、性格好、特别勤劳……小倩真不愿意接受一个男人过度的夸奖，所以从不接茬。这件事，她不敢告诉丈夫。

小倩以为对方过一段时间，就会知趣告退，哪知道越发来劲，话越发放肆。最后，小倩忍无可忍，选择用文字拒绝："你并不了解我，我不是你想象中的完美女人，况且你我都是有家庭的人，都有责任和义务保持各自家庭和睦美满，让各自的孩子健康快乐地成长。希望你以后不要再提这事了。"

然而，对方仍然不罢手，还是想起来就说几句露骨的话。小倩烦不胜烦，只能把他拉黑。

普通人无缘结识名人，朋友圈里基本上也无甚大事，但那些琐碎的小事也会让人心烦，当忍无可忍的时候，则无须再忍，或屏蔽，或删除，或拉黑，没有必要为那些对自己毫无帮助的人忍辱负重。

我也曾遇到过一个高中同学，他人在国外，多年不见，通过高中同学群加的我。加我后，开始是夸我很能干，后来，就露出真面目，经常转发一些谣言，传播负能量。我一次次跟他说别给我发乱七八糟的东西，人家我行我素，誓将负能量传播到底。我发现他不仅对我，对班级全体同学都这样。我费尽口舌，他不接受，只好把他"拉黑"，从此"一别音容两渺茫"。

曾有社交圈很广的人说一个埋头写作的朋友：生活圈子太窄了，需要跟人家打交道时，都不懂得做功夫；有事需要人帮忙时，也找不到愿意伸手的；多出去认识一些人，会有用的。

那个朋友笑笑，说："我本简单人，奈何复杂化？你以为认识的人越多越好？你需要人帮助的时候，你认识的那些人都会来帮你吗？我是体验过的，当我没有写出好作品的时候，受邀去参加一个笔会，

## 你的善良，不是拿来妥协的

我端着酒杯上去给一些知名作家敬酒，人家都不搭理我。为什么呢？因为我籍籍无名，他们根本就不认识我，也无须认识我。再者，换位思考，每个不认识的人来敬酒都要喝，那喝得过来吗？岂不是几杯就要倒人？所以，我一点儿都不怪他们。如果是我，我也可能这么做。反过来说，等我写出好作品，等我出了名，还担心没有人认识我吗？所以，提升自己才是重中之重。没有太多朋友，不必参加太多的应酬，这样我才有时间阅读、写作、行走天下……过自己喜欢过的日子，奋力划桨，以到达自己心中最想抵达的彼岸。"

这位朋友是很清醒的，他知道把朋友圈经营得一团和气和被熏得乌烟瘴气并无太大的不同，因为手机时代，大家连点头之交都达不到，只不过是点赞之交。

不被烦心事侵扰，不被复杂事逼迫，从自己做起，从小事做起，做一个简单、守秩序的人。

你简单了，社会就多了一份纯净；你守秩序了，社会就多了一份和谐。

何乐而不为？

## 05

## 远离"好为人生导师"者

刚离开校园,步入社会,经验不足,跌跌撞撞,磕磕碰碰,在总结教训中成长,这是每个人的必由之路。

有自信的年轻人喜欢自己去闯,不撞南墙不回头。有的人撞了南墙也要挖坑掘洞,硬钻过去。当然,如果有崂山道士的穿墙术,念动咒语就穿过去,那是最好不过的。不过,这种轻而易举的成功几乎不存在。有的人运气不佳,甚至会连撞好几道墙,对意志力顽强的人来说,他不会放弃,他会努力去挖掘属于自己的"密道",以期有朝一日成功"越狱",闯出一片新天地。更多的人在"撞墙"之后,会认为自己先前的选择是错误的,于是寻求帮助，调整方向，寻找适合自己的或者看起来更容易达到目标的事情去做。

不够自信的年轻人则比较容易接受他人的安排，遇事喜欢请教有经验的前辈，希望能少走弯路。这不可谓不好，不过，凡事都咨询他人的意见建议，看似有捷径可走，实则会遇到另一些曲径。因为他人的经验教训，在特定的时间、地点，特定的人身上起作用，过了特定的场景，就失去了效应。

有些人面对来向自己请教的年轻人，虚荣心会得到极大的满足，也就更喜欢高谈阔论，指手画脚，夸大自己过往的经验，甚至炮制根本不符合事实的案例。得到这样的建议，除了被误导，还能有什么收获？

朋友潇潇喜欢参加一些社会活动，有一次，她遇到一位热衷于社会活动的女子——往日的邻家大姐，很多人都夸潇潇的邻家大姐很睿智，不仅把自己孩子培养成学霸，还喜欢帮助别人教育孩子。潇潇搬家后，跟她中断了联系，再见面，自有一种亲切感。听说邻家大姐擅长教育孩子，正纠结于自己孩子学习成绩不理想的潇潇便去听对方的讲座。

听了半个小时，潇潇就听不下去了。大姐孩子小时候的那些事，竟然成了她口中最成功的教育案例。很多事是在潇潇搬家前发生的，潇潇很熟悉，根本不是她说的那样。大姐孩子的言行举止都与孩子的心理年龄相称，绝非大姐所说的早慧。看到大姐在台上一本正经地摇唇鼓舌，潇潇如坐针毡。不过，很多家长在下面倒是听得津津有味，还认真做笔记。也许距离产生美吧，跟自己生活没有交集的"专家"说的话都是新鲜的、有趣的、值得借鉴的。何况"专家"说了："你们有教育问题都来请教我，我很乐意把自己的经验分享给你们。听我的，没错！"

潇潇想明白了，应该去听那些进行专题教学研究的教授作的讲座，这样才可能对自己孩子提高学习成绩有所帮助。

还有一个例子，也是关于孩子教育的。

小杨，因为孩子上小学后做作业磨蹭以及其他教育问题而烦恼，前一阵子他和早年的一位老师联系上。在他的印象中，这个老师点子特别多，而且非常会讲道理，当年教他们班的时候，大家都很喜欢他花样百出的课堂。小杨觉得有这么多教育方法的一个老师一定能解决诸多教育难题。

这位老师像当年一样能说会道，侃侃而谈，说他当年读书也是反应很慢，做功课拖延，一直到高中，忽然开窍，从此走上学霸的道路。

老师说到他自己孩子的成长经历，说孩子大约也遗传了他的迟钝，做作业超级慢，考试做题也极慢，从小学到高中，一直都很慢，但没关系，他相信孩子一直在进步。果然，后来孩子考上了大学，还参加全国技能赛，获得一等奖，然后自己创业……

这个故事太励志了，小杨相当佩服、满意，准备像老师那样放养，等待孩子自己觉悟，开窍，成才。

直到有一天，他遇到当年的班主任。班主任听他说了那位老师介绍自己孩子的励志故事，很是吃惊，告诉小杨："他没有你想象的那么完美，他的孩子也不是励志榜样。你还是自己学一点教育学、心理学，然后参照孩子成长的不同阶段的特点进行辅导吧。"

小杨惊诧："怎么说？"

班主任说："他们夫妻俩都贪玩，下班回家各玩各的，没人陪孩子学习，甚至长期不做饭给孩子吃，给点钱让孩子自己去外面吃。对孩子也没有任何要求。有时候夫妻俩在外边玩，只在玩的间隙打电话回家'查岗',用'遥控'方式检查孩子做不做作业。这样的教育方式能好吗?孩子读的是重点小学,每次大考,别的孩子半小时就做完了,他考一个小时,还做不完。不愿意花时间陪孩子学习,说什么'相信孩子','用耐心等待他慢慢进步',这是为自己没尽到做父母的责任找借口。孩子中学读得非常艰难,后来去参加艺考,考上了一所三本的民办大学。孩子并不是如他所说的'开窍'了,而是对手工艺比较感兴趣。后来获得了全国竞赛一等奖,这倒是真的。不过,获奖后,孩子就不想继续读书了,要退学创业。他们夫妻俩阻止不了,便答应了。现在孩子开了一家工作室,确实在创业中。不是说创业不好,而是大学已经读到大四,再坚持一下,就毕业了,这时候弃学创业,多少有一些浮躁的心态在里面。年轻人敢闯的精神值得赞许,但创业艰辛,掌握一门很小众、市场很窄的手工艺活,养活自己或许不难,但想要有大发展不易,一旦市场萎缩,甚至消失,没有文凭,想另谋出路都是个问题。"

听完班主任的话,小杨醒悟了。

远离"人生导师"提供的"捷径",背起自己的十字架,走狭窄而艰辛的路，走过去之后，光明宽敞的大路才会出现在前方。夸大优点、隐匿缺点的人是没有资格做人生导师的，因为他没有时间沉下心学习研究，能介绍的只是自己有限的经验，无法形成系统的理论。

## 06

## 拒绝文化"二盘商"

在写手圈,曾有一位自由撰稿人,当其他自由撰稿人拼命写稿、投稿却依然过着底层艰辛的生活时,他已经通过一定渠道把自己包装成了著名讲师,受聘到各个文化单位开讲座。案例很多,信手拈来,左右逢源,但多是网上的故事,只不过略微生僻些。

他已放弃写稿,他知道在同等时间下,贩卖信息和资源比自己绞尽脑汁原创作品简单得多,来钱也容易得多。他对朋友说:"去开讲座啊!名利双收多好。"不过,多数写稿人依然坚持坐冷板凳,写自己的作品,不愿或不屑去做文化的"二道贩子"。

## 你的善良，不是拿来妥协的

小风是一家公司的金牌销售，后来做了公司的讲师。因为出色的口才，很快就成了公司的金牌讲师，为公司做培训工作。

有一天，一个大学同学来找她，对方说自己最近创办了一家私人图书馆，可以买书，可以免费看书，也可以喝咖啡、用餐。现在，想在这个基础上办文化沙龙，争取做强做大，做成文化人交流、小资拍照发朋友圈的场所，但起步阶段，需要聚拢人气，希望小风能出来帮他。

小风自己平时工作很忙，走不开，而且收入不菲，没有辞职的意愿。

同学说："并不要你辞职，只要你一周抽一个晚上的时间就可以，就1个小时，而且有酬劳的，1000元，怎么样？不低吧？一般的专家教授一天讲下来才2000元，扣完税，只剩1700元，折算下来，半天3~4个小时也才1000元。"

小风觉得自己是做销售的，平时接触的多是销售，并不知道如何操作文化沙龙。

同学说："这个很简单，不需要你把时间投去读书积累，拿出自己独创的研究成果做讲座。你能说会道，这就是最好的条件。我给你提供一些文化人讲座的音频资料，你有空听一听，然后转述给沙龙的听众就行。"

小风说:"人家是真心诚意来听讲的,我这样做不是冒充内行骗人家吗?"

同学笑了,说:"难道你平时在公司讲课的内容都是你自己亲身经历的事?我分股份给你,你帮我一段时间,等我做起来了,你的股份肯定水涨船高。"

小风很犹豫,最后拗不过同学的请求,答应了。

利用上下班的时间,听听音频,加上她自己的发挥,竟也能赢得满堂喝彩,很多年轻人还很追捧她,每期必到,"小风老师,小风老师"叫得很勤。小风起初是看在钱的份上来开讲座的,想不到这么受欢迎,渐渐地,她觉得自己就是个很有文化的文化人。

至于这"文化"的水分有多大,那是不在考虑之列的。反正名利兼收,有人爱听,传播的也是文化正能量,没啥不好。

**打着传播"文化"的幌子,做着"二盘商"的事,与市场里卖鱼的小贩并无本质区别。**

不必羡慕这类贩卖文化的"二盘"商贩,短期内他们会得到名与利,但从长远来看,他们跟文化根本不沾边。

你的善良，不是拿来妥协的

另外一些人提供了另一种范本，比如钱锺书先生，他用一个巧妙的比喻拒绝记者采访："假如你吃了一个鸡蛋，觉得不错，何必要认识那下蛋的母鸡呢？"

钱锺书先生不愧是智者。

要知道，生活不会亏待那些勤勤恳恳、付出血汗、追求原创成果的文化学者。

所以说，喜欢文化、愿意读书的朋友，不要相信有什么提高文化修养的捷径，不要听信"二手文化贩卖者"摇唇鼓舌，文化素质的提升需要自己脚踏实地努力，不是花钱就能实现的。

## 07

## 别把客气话当真

中国人很擅长客气,见面寒暄,互相夸对方,请客吃饭抢着买单,等等。这类事情,很多时候是真心的,夸奖的内容和自己的认知对等,请客吃饭请得恰到好处,大家欣然悦纳。有时候,虽然感觉不是那么真心,但也是熟悉的套路,大家都这么用,也不以为意。比较麻烦的是看起来很真诚,实则虚情假意的"伪功夫",真要按照他允诺的去做,得到的就是并不愉悦的体验。

楚楚是个不怎么自信的妈妈,总是担心自己没跟上时代的脚步,造成孩子落伍,所以,她很在意其他家长带孩子学什么,玩什么,做什么。认识最优秀孩子的妈妈,跟上最优秀的孩子的步

> 你的善良，不是拿来妥协的

伐，一定不会错的。

当她的孩子读小学时，旁边安排了一个女同学。女同学的妈妈很热情，第一次开家长会，就主动联系楚楚。不仅联系楚楚，对方还做了一个表格，请各位家长填联系电话、地址、微信、QQ等，然后把表格打印出来，人手一份。另外，她还拉了两个群，一个微信群，一个QQ群。在群里，或老师布置作业要求家长监督，或家长交流信息，或假期组织去旅游，总之，每天都是人头闪烁，热闹非凡。

因为坐一起开家长会，楚楚认识了这位妈妈。对方热情地邀请楚楚带孩子去她家玩。楚楚已经知道对方夫妻俩都是知识分子，认定是值得交往学习的对象，就很爽快地答应了。

楚楚先让孩子问同学周末的晚上有没有安排，方便不方便去。得到回复说，没有安排兴趣班，也没有外出，可以去。于是楚楚就带着孩子上门拜访。

进门后，楚楚发现同学的妈妈热情骤降，跟在学校时完全两样。两个孩子一块儿玩儿去了，两个妈妈坐下来聊天。那个妈妈说女儿的爸爸去加班了不在家。

楚楚问她女儿平时是怎么学习的，周末有没有上兴趣班。那个妈妈说，周末当然是要学习的，这会儿本来是弹琴时间，等一会儿要睡觉……要不，你们等放暑假再来玩吧。

楚楚心头一颤，这是直接逐客啊！不久前还那么热情地邀请自己来玩，怎么就变了？暑假？这才新学年开学不久，等放暑假，要9个月以后，没谱的事，还不如直接说"以后请不要来打扰"。

楚楚觉得脸上有点儿挂不住，叫孩子回家。孩子正玩得开心，被打断了，很不高兴，不愿意离开。楚楚说："我回家去了，你走不走？不走，我自己走了。"孩子这才噘着嘴，很不情愿地跟上。

如果心里不愿意别人来拜访，就不要虚伪地盛情邀请，等人家来了，又下逐客令，让人不愉快。当然作为被邀请的一方，还是要矜持一些为好，推断对方是真情相邀还是客气话之后再做决定，不要一被邀请就兴奋上门，落个尴尬的局面。

阿云也曾遇到这样的事情。她孩子成绩一般，有一次孩子班级组织同学以及家长聚会。聚会中，班级成绩第一的同学的妈妈和阿云坐在一起。对方听阿云说孩子学习不好，就接话说："周末来我家，跟我孩子一起学习。"阿云听后太高兴了。

## 你的善良，不是拿来妥协的

周六早上，阿云兴冲冲地把睡懒觉的儿子拖起来，洗漱完毕，吃了早饭，就往儿子同学家赶。在门外，敲了好久的门，没人回应，对门邻居听到了，开门探头出来问："找谁？"阿云说来找儿子的同学，对门邻居说："周末他们都不在家，听说上午去奥数班，下午去作文班，晚上去英语班。"阿云问："明天他们会在家吗？"邻居说："应该也不会。周日上午，他们要去打羽毛球，请了教练的，下午去学机器人，晚上一般会在家。"

时间安排这么紧啊，只剩下周日晚上在家，还是别来打扰了。阿云退缩了，觉得自己很冒昧。想来人家只是场面上的客气话，怎么就当真了？可是，当时，感觉人家挺真心的……

由她们的故事，我想起自己读高中时的一段经历。当时班上没几个同学想读书，我和另一个女生算是比较勤奋的，也是少数有希望考上大学的。但是，我们有薄弱的科目拖后腿，在"千军万马过独木桥"的年代，为了能考上大学，好歹必须要拼一拼。那时，还没有校外培训机构，外校的名师，我们也不认识。高三时，我和那女生商量，放下面子，去找英语老师补课。英语老师水平比较高，但有点儿贪玩。第一次去，惴惴不安，不知道他肯不肯帮我们补课。英语老师就住在学校宿舍，见到我们，有点儿吃惊。我们提出补课的请求，老师同意了，我们问补课费，老师说："给自己学生补课不收费。"我们满心感激，说："老师真好！"补完课，老师和我们约定："明天放学再来。"回家路上，我和同学商量，老师不肯收钱，我们就买礼物。

然而，第二天放学，老师不在家。我们等了半个多小时，他还没有回来。因为晚上作业多，时间耗不起，我们只好返回家。过了一天，英语课，老师来了，但当着全班同学的面，我们不好意思去找老师询问，决定放学再去老师家。然而，老师还是没在家。这样一整周，我们都没等到老师。后来，我们就不再去了。我们推测，一贯贪玩的老师不愿意有学生找他补课，耽误他玩的时间，但又不方便直说，只好采用迂回战术——这边答应，那边避而不见。

这件事对我触动很大，我暗下决定：如果有一天，我当老师，或者从事其他工作，我一定要守信用，说到做到，做不到的事我就不随便答应。

以诚待人，是一种美德。我们都希望当自己有需要时，得到别人的真诚相待，那么，将心比心，他人遇到事情时也需要得到真心帮助。如果人人都讲真话，践承诺，世界会变得更加美好。

你的善良，不是拿来妥协的

但话说回来，以诚待人，可以作为自己的为人处世原则，不能以同样标准要求别人，因为毕竟每个人的人生观、价值观难以做到统一，对某些人的某些话，我们还得具备分析辨别的能力。

总而言之，别把别人的承诺都当真。有的时候，对方出于某种原因，做出的承诺只是他的客套话，要是当真了，难免会失望。

你的善良，不是拿来妥协的

## 第三辑 只对善心付出真心

如果自己的尊严被肆无忌惮地践踏，那就离开吧！因为践踏尊严这种事就像"家暴"，只有"有"和"无"的区别，一旦有了，就容易接二连三，躲也躲不开。不如早点儿离开充满戾气与负能量的人，从此山水不相逢。

## 01

### 他人的评价,没有那么重要

生活中,有的人自信,有的人自卑,心理学家认为这与天赋无关,而与家庭教育有关。

幼年接触到不好的教育方式,会对人的一生造成巨大的负面影响。有的人被影响终身,纠结于各种本能反应,始终不能自拔;有的人自我意识会觉醒,觉醒后想要扭转这种状态,需要花费很长的时间、很大的力量。

小昕小时候常被母亲责备,说她长得难看,成绩不好,身体差……虽然有外人夸她是小美女,她的成绩在班级排名也一直往前靠,但她一直都认为自己不行。她每接受一个任务都希望得到

## 你的善良，不是拿来妥协的

老师的表扬，一旦老师忘记肯定她，她就会难过很久。

多年后，她大学毕业，进入一家企业，见谁都毕恭毕敬。大家都觉得她很不错。

因为她刚进入企业，很多事情不熟悉，做起来不顺手。有一天，办公室主任叫她把一摞员工登记表发下去，让每个人填写。主任赶着去开会，没交代具体怎么做。小昕认真细致地点了人数，拿着登记表到各个科室去分发。尽量发到每个人手中，有的同事不在岗，她就委托他人代为转交。

所有的表格都发下去了，她觉得自己做得很到位。不料，第二天，主任催缴表格时，就有人来办公室投诉，说没有拿到表格。主任问小昕表格是怎么发的，小昕把过程讲述了一遍，主任问："不在岗的人，你都交代谁代为转交了？"小昕说："是同一个办公室的，但我不认识。"主任说："你应该带签字表下去，让每个人都签字。"小昕表示会记住教训，下次一定做好。主任没说什么，另外拿多余的表格给小昕，让她再给没拿到的人送去。

小昕又送表格去。不想，有一个中年女人拉长脸对小昕说："你新来的吧？发材料，要一个个发到位，知道吗？做事情怎这么没头脑？不知道你是怎么通过面试进来的。我每天都很忙，哪有那么多时间为你这一份表格，在这里等着！"

小昕很害怕，一再道歉："对不起，对不起……"

那女人说："说对不起有什么用？时间都耽误了！"

这时，有一个男同事过来说："张姐，好了好了，别生气了。她也就一新来的小妹，不懂事，学两天就会了。"

那个被称为"张姐"的中年女人，狠狠地瞪了一眼小昕，说："以后做事情清楚一点，头脑不清楚，做什么都做不好！"

小昕含着眼泪退了出去。回到办公室，趴在座位上啜泣。也许，自己真的头脑不清楚，不好使，小时候妈妈这样说，现在又被同事这么说……也许自己不适合这份工作……

主任发现小昕在哭，了解了一下情况，安慰她说："别在意别人说啥。你难道对自己没信心？任何人做事都有想不周全的时候，况且你刚进公司。你只是没有经验，只要用心做事，用不了多久就能胜任工作的。"

主任说的话很在理，每一个刚从学校毕业出来的新人，第一次工作都容易出纰漏，只要用谦虚好学的态度去弥补，很快就能胜任工作。

## 你的善良，不是拿来妥协的

小江大学毕业后到一所学校做行政工作。学校因为老师极度短缺，也安排小江上课，做班主任。小江做事勤恳认真，很有想法，且责任心强，班级被他管理得很好。但小江对学生特别严格，尤其对犯错的学生，批评起来不留情面。这样，就使得某些学生不喜欢他。小江从班委口中听到一些风声，开始反思自己是不是对学生太苛刻了，是不是不适合在学校工作，要不要辞职。但一想到辞职以后找工作不容易，同时自己和周围的同事相处也挺好，再加上收入也可以，不应该辞职。想来想去，他想出一个办法：叫学生匿名给他写评语，提意见，有什么话都可以说，他保证不生气，只想了解自己工作上有哪些不足，以便改进，更好地把班级管理好。

有了这样的承诺，个别学生就肆无忌惮地写，有的言语难听到不能接受。小江看了，非常难过，他想不到自己努力付出，竟然是这样的结果。他很伤心，而且觉得很丢面子。于是，他决定暂避几天，不到班上去，并且告诉班长，他可能会辞职。没想到这个消息使得大多数学生都坐不住了。在家长群里，很多家长也纷纷留言询问，班主任把班级管理得那么好，为什么要辞职？还有家长说，如果班主任辞职，她的孩子也要转学。

小江感动了，原来，自己所有的辛苦付出，还是有人看在眼里的。

现在该怎么办？他去请教一位老教师。

老教师对他说："你这不是个案。很多刚参加工作的老师对全体学生是否喜欢自己，看得特别重。在班级出现一点问题时，新老师很容易对自己的管理能力产生怀疑。让学生对自己提意见，也是很多新老师会做的事。这恰恰说明你重视这个班级，重视这份工作，希望自己做得更好。但你要明白一点——没有人能让所有人都满意。即便是我工作二十多年，很受学生欢迎，我也只敢说，能拥有七成的学生满意率，就谢天谢地了。等你的教学经验丰富了，就会认识到，有为人师表的精神，做好自己该做的，就可以了。你无法满足所有学生的胃口。太在意学生的评价，你的手脚会被束缚住，没法施展开。患得患失，可能满足了少部分学生的意愿，却放弃了对大部分学生的管理，失去大部分的人心，这是最要命的。守住师德规范，坚持原则，该管的管，该教的教，让整个班级拥有好学风，拥有正能量，不断上进，这样就能赢得学生的拥护，包括那些对你不满意的学生，他们的看法最终也会扭转过来。"

你的善良，
不是拿来妥协的

　　确实，坚持正道，不偏离左右，即便损害了某些人的利益，遭到某些人的不满，也没有必要太在意，做好自己，让自己有进展，让他人有进步，就问心无愧。

　　记住，他人的评价，没有那么重要。

## *02*

### 你伤害了我，从此山水不相逢

女人与女人之间有一种关系很微妙：你觉得她是你好朋友，是可以无话不谈的好闺蜜；而她觉得你只是她众多交往对象中的一个。所以，你掏心掏肺地倾诉，她转眼就可以把你的遭遇"分享"给别人。由此，你可能要承受撕心裂肺的打击。

琦和桢一起进入一家单位。琦是大学毕业考进来的，桢是在其他企业干过，跳槽进来的。因为是同时进入单位的，她们之间有了一种抱团取暖的默契。琦比桢小好几岁，管桢叫"桢姐"。桢姐在各方面都比琦有经验，也愿意指导琦，两人关系相当好，微信、QQ、电话，聊起来，没一两个小时是停不下来的，周末也

## 你的善良，不是拿来妥协的

一起去逛街买衣服，或者去郊游。

有桢在身边，琦感觉很放心，遇到困难都会向桢寻求帮助。桢也很会安慰琦，教给她处世的经验。

如果不是后来发生了一件事，她们俩的关系真是很铁的。

那时，琦很努力工作，业绩很好。琦的上司是个中年男人，看到琦的业绩好，收入高，不知出于什么心理，把琦调到后勤岗位，将自己的外甥女放在琦的岗位上。这样一来，琦收入大为缩水，每个月只剩固定的工资。

琦不知道去哪里投诉，她想跟总经理讲，但是公司等级森严，平时不许越级。她不知道这是不是公司的意志，如果是，那么，她的上司也只是来告知领导的决定，一切都是走正常程序，他并没有错。如果不是，越级投诉的后果，她也不敢想象。思来想去，无可奈何，不得不接受哑巴吃黄连的结果。想起桢姐，琦控制不住了，给桢打电话，倾诉自己的委屈、不解，说着说着就泣不成声。

桢安慰琦说："别哭，别哭，凡事看开点儿，很快就过去了。"

琦说："我真的不明白，为什么会这样，也不给我一个理由。如果是我工作没做好,这样处罚我,我认栽。可是,明明我做得很好,也为公司赚了不少钱,凭什么就把我换岗了?"

桢说:"世界上的事哪有那么多公平公正?有,也是运气好。很多事没道理可以讲。你的这种情况,我以前也遇到过,也想不通,但还能怎样?只是自己怄气,还生病了,最后还是妥协、接受。"

琦还是哭个不停。

"好了,难过也没用,我要做家务去了。"桢说。

琦只好放下电话。

琦心里一直堵得慌,每天上班都恍恍惚惚,没精打采,下班回家吃过饭,就往床上一躺,什么都不想做,也没注意到身边有什么变化。

过了三天,她忽然接到上司的电话。电话一接通,上司就大骂她不识抬举,竟敢到处污蔑领导,要不是看在她业绩还过得去的份上,直接就让她卷铺盖走人了……

琦一下子就懵了,随即醒悟:她只跟桢说过这件事,要泄密,也只有桢。可是,桢为什么要这么做呢?她是自己的好闺蜜,唯一信赖的人。桢这么做的理由是什么?她是有意还是无意的？她是想讨好上级，还是想踩着自己往上爬？……唉，现在想什么都是多余的，要先应对电话那边气势汹汹的上级。

琦连声道歉，请求原谅，好不容易得到一句："这一次暂且不追究，一旦再在背后说领导坏话，绝对开除！"

放下电话，琦的心凉了。

从那以后，琦见到桢尽量避开，桢却一如既往地接近琦。可是，琦已经不敢再跟桢说心里话了。

琦想起那英唱的《一笑而过》里有这么一句歌词——"你伤害了我，还一笑而过"。

虽然蔡蔡的女老板待人苛刻，但是蔡蔡做事中规中矩，有板有眼，所以彼此之间没有起过冲突。

有一次，蔡蔡出差几天，她的那一份工作安排给其他同事做，相应的那一份收入也划归别人。这是公司约定俗成的规矩，蔡蔡心里明白，也没有什么可说的。出发之前，她把工作做了交接，阿英接下了她的那份工作。为了这三天的活儿有人干，蔡蔡付出四分之一的月工资，虽然肉痛，但也没办法，不能耽误事。

没想到，阿英做事不靠谱，去见客户，放人家鸽子。她解释：自己家孩子要先送去补习班，交了学费，老师不等人的。可等她回头来，路上堵车，堵了一个多小时，到了客户公司，人家生气不接待了，一个大单就这样飞了。

老板气坏了，直接把电话打给正在出差的蔡蔡，劈头盖脸一顿骂。蔡蔡被骂晕了，她还从来没被人这样骂过，而且这件事本不是她的责任。蔡蔡忍不住哭了……可是，老板认定是她的责任，说她拿着公司给的工资，有什么资格随便把工作交给别人做？公司这一大块的损失谁来补偿？后续恶果极其严重，关系到公司生死存亡……

蔡蔡想不到，别人的一个差错，硬被栽到自己头上，还被上纲上线？！她马上打了一份辞职报告。

回去以后，她直接把辞职信拿给老板。老板吃惊地瞪着她，张嘴又骂："你发疯了？你有什么资格辞职？！"这一次，蔡蔡不再流泪，反而笑了："我辞职了，现在是您没有资格继续骂我。"

说完，她一身轻松地走了出去。

工作中，给人留点儿面子，留点儿退路，不要因为自己是上级，是老板，就不把员工当人，结果既伤了别人，也伤了自己。

而作为下级，作为普通员工，如果自己的尊严被上司践踏，那就离开吧，因为践踏尊严这种事就像家暴，一旦有了，就容易接二连三，躲也躲不开。及早离开充满戾气与负能量的人，从此山水不相逢。

## 03

## 单纯人不必把自己拼命修炼成"人精"

社会似乎不善待单纯的人,老实往往与吃亏画等号。所以有的人看到精明人捞得好处多,就迫切要把自己修炼成"人精"。

小禾大学毕业后找到一份工作,刚到单位,她像林黛玉一样"步步留心,时时在意",很快,她就摸清了单位的人事情况,私下总结出一些"潜规则":搞定领导就搞定一切,普通同事不必放在眼里;领导交代的事情绝对要排在首位,不折不扣做好,甚至不惜动用私人关系也要做好。

不仅工作上按照领导的要求尽全力做好,生活上,她也想领导所想,极为体贴,时不时送一点领导需要的小礼物。有时,领

> 你的善良，不是拿来妥协的

导工作忙到没时间吃饭，她会到食堂把饭买来送到领导面前；有时，领导生病了，她带上慰问品去探望，帮忙做家务事。

这么做之后，领导很快就开始赏识她，事无巨细，不分大小，都安排给她。

起初小禾很满意，因为她正按照自己的想法走，相信上升的机会和速度会比一般员工快很多。但人的时间和精力是有限的，小禾对领导体贴得细致入微，牺牲所有业余时间都忙不过来，对自己的本职工作就不无懈怠了。这样，导致她的主管非常不满，跟她讲："作为新员工，要做好自己该做的。"小禾打哈哈："知道啦，姐姐，我会做好的。"然而并没有。

主管安排其他人工作，都是开会时大致说一下，大家就领了任务认真踏实去做，只有对小禾，安排完任务还必须得经常催，不然她能拖多久就拖多久。主管知道小禾是领导面前的红人，也不敢批评她。遇上着急的工作，小禾不配合，主管只好亲力亲为，或者找人帮忙把事情做了。

小禾对除领导之外的其他人一律"平等对待"，不管对方年龄大她多少岁，她都直呼其名。一些老员工被她这么"平等对待"，很是不爽。

时间久了，大家都看在眼里，老员工只是不满，新员工就非常愤怒——大家都是一起进来的，公平竞争，凭什么你用投机取巧的办法博取领导的好感？于是，有很精明的新员工开始组团对付小禾，孤立她，讲话冷言冷语的。小禾感觉到了，却十分委屈。她觉得领导安排的每一件事，她都做到完美，甚至倒贴钱，把业余时间都搭进去，也要把事情做好。这种牺牲精神，就算不被表扬，也不至于遭受白眼吧？

然而，更让小禾委屈的事情还在后头呢。最后，领导调走了，没带走小禾，也没提拔小禾，临走前，还因为小禾某次做事不称他的心，而对其他领导说了小禾的不是……

跟小禾同一办公室的林姐自认是个简单的人，凡是复杂的事情，她都不参与。可偏偏她是全办公室人生之路走得最顺的一个：老公极其能干，有自己创办的实业，每个月给几百号人发工资，从来没有遇到过资金短缺问题；孩子读书自觉且刻苦；她自己生活优渥，但不沾染富婆的缺点，为人和善，生活简朴，上班从来都是公交车加走路，遇到别人有困难，她会伸手相助，并且热心公益事业……

林姐从不去争工作上的任何荣誉，办公室有时因为评先进，很多同事争得不可开交，只有她不争不吵，默默地继续做好自己的事。问她，则说："我很知足，生活厚爱我，没有必要跟别人去争。"因为太低调，有时候居然会被人给"小鞋"穿，而她竟然忍住了，没有任何反抗，过一段时间，"小鞋"居然也消失得无影无踪。

就这样，越没奢求，生活却越偏爱她，她常被办公室人称为第一"好命人"。

**性格决定命运。**是当"人精"去争抢，还是顺其自然往"好命人"的道路努力？

都说"人算不如天算"，"人精"到王熙凤的地步，不也是"机关算尽太聪明，反误了卿卿性命"吗？

## 04

## 怜香惜玉未必发自真心

很多涉世未深的女生喜欢被人当作"公主"对待,尤其是一些漂亮的、缺爱的女生,踏入职场,一旦有人怜香惜玉,就以为遇到了真心爱护自己的人。

小辛家境不好,很小的时候,父母就离异,各自又成立了新的家庭,她成了没人要的孩子,不得不跟着奶奶过。奶奶年纪大了,也没有好的教育方式,小辛成绩不好,奶奶帮不了她。小辛对学习提不起兴趣,念完中专就去工作了。她在一家销售公司上班,公司对业绩的追求是赤裸裸的:谁能赚钱,谁就能加薪升职,业绩若列于末位,就等着被解聘吧。

## 你的善良，不是拿来妥协的

小辛刚出校门，一没经验，二没人脉，由于成长期家庭教育的不足，性格也不是太开朗，简单说，除了长得漂亮，没有别的长处。

漂亮也算一种资源，她跟着人家去跑业务，学着有礼貌，好歹没遭太多白眼，但是想拿到大单，却是很艰难的。

年末考核，小辛毫无意外地名列最后。这是要卷铺盖走人的节奏。

小辛很难过，下班了，大家都走了，她在办公室里发呆。接下来就要过年了，不要说奖金没有，就是明年的工作眼看着就要没了……想着想着，忍不住哭了。

忽然有人轻拍她肩膀，她抬起头，婆娑泪眼中看到的是公司的金牌讲师张生。张生给她做过培训，小辛对他很敬重。

张生说："你不要难过，我会帮你的。"

第二天，小辛的名字没有出现在公司辞退人员的名单上。小辛很惊喜，对张生发自内心的感激。

小辛从公司的大群里找到张生，主动加他的微信，对他表示感谢。张生说："这没什么。你刚来，没经验，但是你有潜力，而且你所在的团队业绩并不是最差的，我相信你会进步很快。我跟老板说再给你一年时间。"

小辛感激涕零,说要请张生吃饭,张生答应了。

小辛穿上自己最好看的衣服,提早到了饭店,坐在座位上等。等到张生出现在门口,小辛笑了,笑容很美。

张生似乎也被感染了,对着小辛笑。

两人吃到一半的时候,张生站起来说去一下洗手间,小辛点头。

吃完饭,小辛叫服务员来买单,服务员看着张生说:"这位先生刚才已经买过单了。"小辛更加喜欢张生了。

不久,小辛就爱上了张生。她知道这是不对的,不能爱上有家室的男人,可是理智战胜不了情感。

白天,他若即若离,让她抓不住;夜晚,她痛苦纠结,不能自拔。

小辛决定孤注一掷,就算飞蛾扑火,也在所不惜。

她主动约张生,表达了自己的爱意。

张生摸摸她的头,说:"丫头,我不赞成你这么做……"

小辛的心一下子凉了。

但张生又续上后半句,"不过……在公司,你不要表现出来……"

能得张生青睐，小辛已经感激得五体投地了，哪里还需要他交代，自然是把他俩的事当作最大的秘密守住。

后面的事情，不说，也能猜到。

在心甘情愿几年之后，小辛青春渐逝，变得心不甘情不愿，想"转正"，但是张生并不给她这个机会，理由是："我不能伤害女儿。"

小辛已经不再是原先那个低声下气、默默无闻、用崇拜的目光追随张生的女子了，她生气，吵闹……

张生也不再是原先那个热心的善解人意的暖男了，他厌烦，无情，恶声恶气，形同陌路。

小辛的心彻底凉了，回顾自己这几年的所作所为，猛然醒悟：是自己蠢，蠢到家了。

最后的一丝理智让小辛向公司递交了辞职信，离开了伤心地。

## 05

## 你对我只是利用,我又何必真心以待

每个人的内心都藏着很多需求,比如讨好型人格的人,特别希望自己广受欢迎,希望以自己对别人的好换来别人对自己的好,为了达到这个目标,做任何事都全力以赴,尽量做到完美,不被批评。

小妍从小到大都很懂事,因为家境不好,很小就帮奶奶摆摊儿卖点儿小商品以维持生活,但学习一点儿都不落下,成绩一直稳居班级前五名。后来得到一个好心人的资助,她读到大学毕业。

因为成长过程的不易和得到人们的帮助,她一直心存感恩,

## 你的善良，不是拿来妥协的

对任何人都采取平和的态度，对任何事都全力以赴。在大学里，她学习好，参加学生会，参加社团，做好各种组织和协调工作。在这个过程中，她积累了不少经验。

工作以后，她把自己总结的经验运用上，给自己确立了规则：真诚待人，有求必应。

有一次，一位同事黄姐要出差，手里还有一些活儿没忙完，觉得叫小妍帮忙比较合适。小妍一口答应，黄姐表示感谢，说出差回来带特产给小妍。

黄姐出差回来，发现小妍不仅把她委托的事情做完了，甚至比她自己做得还要好，十分满意。然而完成任务的奖金，黄姐一个人领了，连嘴上表示分一点给小妍的客套话都没有，至于答应送小妍的特产，更是连影儿都没有。

这事以后，黄姐时不时招呼小妍帮忙，把本该她自己完成的任务也甩给小妍，当然，也没忘时不时给小妍"画饼充饥"——

"小妍，改天请你吃饭啊！"

"小妍，你化妆一定更美。我有很多海外代购的化妆品，改天带一套来给你。"

"小妍，你还没有男朋友吧？我朋友的儿子又高又帅，名牌大学毕业，又是公务员，家里有五套房子，改天介绍给你认识啊！"

……

小妍每次无偿帮完忙，都非常不舒服，恨自己怎么就不会拒绝。

眼看黄姐越来越不拿自己当外人，啥事儿都变着法让小妍代劳，小妍终于下决心找借口拒绝。"很忙。""有同学找。""要回家看奶奶。"诸如此类。总之，她不再答应黄姐帮忙做事。哪知道黄姐不乐意了，翻脸不认人，对小妍开始横挑鼻子竖挑眼，搞得小妍非常难堪，工作很难再进行下去。小妍不得不辞职离开再去找工作。

职场上，在不影响自己正常工作的情况下，对于他人的偶尔求助，可以答应，但是对于那些一心算计别人的同事，必须予以拒绝。否则，对方抓住了你"好说话"的弱点，会没完没了提要求。这么一来，你做的再多，也抵不过对方的要求多，一旦有一次没做，或者没做好，前面所有的热心帮忙，对方都会一笔勾销，还会对你心生怨言，严重的还会对你恩将仇报。

记住：你的热心、善良不应成为个别人利用你的理由。

# 06

## 有些伤害是拿来成长的

小易不爱读书，混了个大专文凭，就进入社会开始赚钱。他觉得赚钱比读书有意思多了。

小易在一家事业单位做临时工，总有一种压抑感：有些有编制的人讲话虽很和气，但总给他一种高高在上的感觉。在这家单位，临时工的工资是按岗位拿的，有的人只愿意在一个工作岗位待着，所以工资也只能拿一份，小易不怕苦不怕累，只想多赚钱，所以他兼职三个岗位，并且每个岗位都做得不错。这样，别人每个月拿2000多元，他能拿6000多元。

没想到，工资高了，嫉妒也来了。有正式职工质问他："你凭什么拿那么高的工资?"他一下子被问懵了,心里很生气,但克制住了,什么都没说。

气愤只能憋在肚子里,下班后找朋友倾诉一下。朋友说:"想改变这种窘境,你只有继续读书,拿到本科文凭,甚至研究生,这样才能让他们不敢小瞧你。"

小易"嗯嗯"了两声,心说:我要有念书的能力,还在这里当临时工?

于是,抱怨归抱怨,小易继续做临时工。

真正让小易忍受不住而萌生去意的是某次单位领导组织部门负责人开会,其中一个负责人是小易的直接上级,他发微信让小易立刻打印一份他们岗位的材料送到会议室。小易动作很快,马上在电脑里找到材料,打印出来,不到3分钟就送到了会议室。小易出现在会议室门口,刚要走进去,一个女领导转身看见他,忽然做了个手势,阻止与会者继续说下去,然后站起身,拉长脸走出来。小易有点儿发愣,敏锐地感觉到不对头,忙停下脚步。女领导气势汹汹地对他说:"你干什么到这里来?这地方是你来的吗?"

"是凌主任叫我送材料来。"小易解释。

## 你的善良，不是拿来妥协的

女领导回头看凌主任，说："开会，你怎么自己不把材料带来？你不知道我们开会不能让外人偷听？你好歹找个正式工给你送材料来啊！找个临时工……"

小易感觉人格受到了侮辱。临时工就不是人？既然怕临时工泄密，为什么又要找临时工来干活？要是学历高，我早走了，还在这里受气？……

只怪自己不争气，从小不努力读书，文凭拼不过别人，也没有一技之长，做了临时工，被人呼来唤去，工作做一大堆，拿自己应得的酬劳，却被人嫉妒；做工作上的事，却被人当贼一样防范……这样的日子难道要过一辈子？

小易终于想明白：在最能吃苦的年龄选择安逸，意味着被人蔑视，意味着要用未来的岁月去偿还原先该吃的苦。

既然这样，何不趁年轻再努力一把？或许还有咸鱼翻身的机会。

小易决定，好好读书，去"专升本"，然后再努力看看能不能拼到研究生。

一边工作一边读书是不成的。当临时工，谁都可以使唤他，随时随地待命中。

只有辞职才能用心读书，才有可能考上本科，踏上未来之路。

小易结束临时工生涯，重新求学。

未来路漫漫，虽然尽力了也未必能获得相应的回报，但是不尽力是绝对没有可能打开自己上升通道的。

天行健，君子以自强不息。

## 07

### 愿你遇到一个不让你憋泪逞强的人

和谐美满的家庭,应该有一对能互相沟通、彼此协作的夫妻。有事别憋在心里,否则不仅憋坏了自己的心情,也憋出了同床异梦。

阿雯爱美,长得漂亮,收入不低,但大半的钱都被她花在买衣服、包包、化妆品上,剩下的钱也存不住,得空就出去旅游一趟。结婚后,她依然过着逍遥自在的日子,丈夫名牌大学毕业,一表人才,单位不错,能力很强,收入也高。这样看,阿雯的家庭真是堪称完美。

问题从她怀孕开始。

怀孕了，阿雯还继续上班，一直到快要生了，才回家待产。自己的父母不在身边，阿雯希望公婆能帮忙，但是婆婆还没退休，公公倒是闲人一个，可是不起作用啊！

月子里，请了月嫂，稀里糊涂混过去了。孩子满月之后，又请了住家的保姆，可是，保姆用得不顺心，换了一个又一个。四个半月，产假快结束了，阿雯得上班了。

阿雯不放心让保姆一个人在家带孩子，想请公公来看着，可是公公不巧摔了一跤，躺在家里养伤。阿雯急得团团转。

丈夫说："要不，你就把工作辞了吧，反正我也能养你们。"

阿雯考虑了几天，爱子之心占了上风，同意了。

既然辞职了，就只靠丈夫一人的收入，虽然用度不缺，但总怕有个"万一"。于是，阿雯辞掉保姆，亲力亲为带孩子。

看起来，只是在家带个孩子，不用上班，但是琐碎的事情似乎无穷无尽。孩子一夜醒来五六次，阿雯每次都得起来喂奶，陪玩，抱着晃悠，换纸尿片，一轮折腾下来，一晚上也就过去了。早晨，好不容易随着孩子睡一会儿，闹铃响了，得起床做早餐，照顾丈夫吃好去上班。接下来，洗碗，给孩子喂奶，带着孩子去

## 你的善良，不是拿来妥协的

买菜。回来，又要给孩子喂水、喂奶，抱睡，然后赶紧洗肉洗菜，炖肉汤，蒸鱼，炒菜，做好午饭，等丈夫回来吃饭。这期间如果孩子没睡着，那就麻烦了，肯定耽误午饭。到下午，抓紧时间洗洗晒晒。孩子马上醒了，又要喂奶，逗玩，接着准备晚餐，等丈夫回来吃过晚饭，再换自己吃，吃完又忙着洗碗，给孩子洗澡，然后自己洗澡洗衣服，把孩子哄睡，睡不睡得着都还两说。孩子不睡，抱着走来走去，哄两小时，好不容易睡了，还不敢放下，放下马上醒来哭。抱着孩子实在累了，挺直背坐椅子上装站立，等孩子睡了半小时，才敢慢慢地放在婴儿床上……

从前手机不离手，现在，不到给孩子拍照都想不起来还有手机这玩意儿。等睡觉前，拿起手机看一眼，朋友圈已经翻不到底了，算了，不看了，睡觉！

睡不了一两个小时，旁边婴儿床里的孩子已经开始各种"作"了。唉，不得不起来……每天就这样周而复始。

阿雯会做的事情越来越多，家里灯坏了，就自己买了换上；电器坏了，就打电话叫人来修；煤气打不着了，自己找原因；网络坏了，也自己联系电信来处理……她是越来越能干了。她总觉得丈夫工作不易，自己能解决就解决掉，不要什么事情都麻烦他，何况他上班，即便愿意处理，也得等下班回家，多耽误事。

丈夫下班回家就坐沙发上看手机，或者钻进书房看电脑，阿雯叫他帮忙照顾孩子，他才照要求做，等阿雯腾出手来，他马上就把孩子"送"上，然后继续玩自己的。

有一天，阿雯病了，发烧。怕传染给孩子，也没有抱孩子，就放在旁边的婴儿床里。孩子还算乖，不吵不闹，安静地躺着，阿雯得以休息一下。丈夫下班回家，看大厅里冷冷清清，叫了一声："阿雯。"阿雯说："我在房间里躺着。"他"哦"了一声，就没声音了。过了半个小时，他来房间问："什么时候吃饭？"

阿雯忽然眼泪下来了，无力地说："我发烧了。"

"哎呀！那怎么办？好好在家待着，怎么发烧了？"

"不知道，可能太累了。"

"不就是带个孩子嘛！又不用上班，怎么会累出病！？"

丈夫满脸狐疑。

阿雯没力气跟丈夫争吵，只能默默流泪。

"你哭什么呀？！我又没欺负你！我每天出去上班赚钱养家多辛苦！我还啥都没说呢，你倒哭上了！你以为我每天都出去

你的善良，不是拿来妥协的

玩啦？"

"我在家带孩子也不是玩……"

"可你在家总比出去上班舒服！"

阿雯什么都不想说了，一直流泪。

"好了，好了，你在家带孩子有功劳，功勋卓著。你也别起来做饭了，我去给你买吃的。请问，您想吃什么好吃的呀？"

阿雯忽然不想活了，想带孩子一起死……但她马上被自己的念头吓着了。她想回娘家，但是娘家现在没人在……只能忍着。

阿雯病好了，事情也就过去了，生活还得继续。阿雯不是喜欢翻旧账的人，但是她跟丈夫之间产生了隔阂。后来类似的事情不断发生，她无处可诉，经常在家里胡思乱想。她知道自己不对劲了。有一天，带着孩子去看医生，医生说她得了抑郁症，需要治疗。她知道抑郁症的严重性，回家告诉丈夫。不料丈夫却说："这东西都是骗人的，自己想开一点，什么问题都没有。"

抑郁症啊！大家都觉得很可怕的病，在他嘴里，就这么轻描淡写？

她也不跟丈夫再说什么，自己坚持去治病。过了一年多，终于好转了。她觉得自己越来越能干，对丈夫已经没有依赖了，除了被孩子困住，还没法去工作赚钱外，没有什么是她不能独立完成的。

等孩子上了幼儿园，她重新找了一份工作，也做了一个决定——离婚。

丈夫怎么都想不明白，自己一心养家，什么错误都没犯，妻子怎么突然提出离婚！？她是有了外遇？

阿雯平和但是坚定地回应，分开了对两个人都好，对孩子也好。

丈夫不知道，在他长期的忽视中，阿雯已经把自己修炼成了无所不能的"超女"。

男人啊，不知女人心，可以多问问，多关心，多体谅。看到家务事，应该想到自己也可以动手做，不能觉得这都是妻子的责任，与自己无关，或者以恩赐的态度帮忙做一点。家，是所有成员的，家里的每一件事也同样属于每一个人，是她的家务，也是他的家务。没有谁应当要做，而谁只是有空来帮忙的。女人呢，也不要过于逞强，学会将家务事一点一点分摊给丈夫，即便丈夫是婆婆养成的饭来张口衣来伸手的公子哥，也可以在自己的培养中成为家务能手。

## 08

## 逼出潜力,一定幸运?

常有人说,不逼一把,永远不知道自己到底有多少潜力。

然而,逼出自己的潜力,遭遇的就一定是幸运?

小颖家教甚严,个性较为安静娴雅,读书时总是独自坐在一角,不跟同学打打闹闹。她成绩很好,同学觉得那是因为她不参加各种活动,时间都花在学习上,所以背地里都叫她"书呆子"。有时候,有嫉妒她的女生,也会当面叫她"书呆子"。她不跟人家争辩,默默地忍下。她觉得争辩没意义,考大学看的是成绩,又不是看谁能吵赢谁。

这样,她以全班高考分数最高的成绩考上了大学。

大学毕业后,她找工作,第一次考公务员,因为0.5分的差距,没有考取,不得不去找工作。她进了一家销售企业,虽然工资也不是很高,但管理比较规范,而且,业绩好,奖金也会高,这是比较吸引人的。于是,小颖就留在这家公司。

小颖的工作是推销,请客送礼是常态。晚上,领导常常请客户吃饭,指定她必须陪着,她不得不面对形形色色的客户。

酒桌上,荤段子是少不了的,污了她的耳朵;逼她喝酒,也是少不了的,她的部门经理会替她挡酒,但有的变态客户要求她必须喝,喝了才答应合作,为了业绩,她不得不喝。她怕自己喝醉了失态、失身,所以,常常躲到卫生间去呕吐。那有多伤胃,呕吐过的人都知道。

在酒桌上,她也学会了应酬的语言、态度,以逢场作戏。她想不到自己居然也能左右逢源,游刃有余。大家都夸她能干,能拿到很多订单。有时候,她也有点儿小小的得意——自己一直都不善与人交往,想不到,现在竟还能做这么好,看来自己还是有不小的潜力。

但每次喝多了或是被人搂抱之后,回家,她总要发呆很长时间。收入是随业绩增加了,每月能拿一两万元,甚至三万元,比

### 你的善良，不是拿来妥协的

她那些同学高多了，但这是她出卖尊严换来的，真的好吗？

钱重要，还是自尊重要？这个问题天天都在她脑海里打转。

有一次公司派小颖独自一人去外地出差，部门经理说跟那边的客户都谈好了，小颖过去具体办一下手续就行。小颖去了，一见面，客户就恭维她长得漂亮。办完手续，留她聊天，小颖想走，又不好意思，人家刚签了几十万元的合同，自己抬腿就走，难逃"过河拆桥"的嫌疑。

小颖不得不坐着听客户谈天说地，炫耀他的发家史。那边客户讲得唾沫横飞，这边小颖听得如坐针毡。

到了晚饭时间，对方坚持要请小颖吃饭。小颖一再推辞，对方都不肯，说小颖不给面子，如果这样不给面子，生意上的事情，他不能不重新考虑一下。小颖无奈，只好答应。幸好，桌上不只他们两人，还有客户的几个朋友。

虽然小颖一再表明不能多喝酒，但还是招架不住别人的劝酒，不知不觉就有些过量了。

饭局结束，客户坚持要送小颖回酒店。小颖推辞不开，只好让一身酒气的客户陪着自己走，边走边听他说胡话。到了酒店后，小颖拿出房卡开门，门开了，客户就要往里钻，小颖急忙用尽全力把他推出去,猛地把门关上。不管他在外面怎么敲门,就是不开,还把两张重重的椅子拖来堵住门。然后,她坐在床上喘气,心惊胆战地盼着外面的叫门声停息。

怎么办?要不要开门?开门,鬼知道会发生什么事;不开门,外面动静太大,会惊到别人,而且这个订单搞不好要飞走。她思前想后,最后还是把门打开了。

那人一进门,就扑过来,把小颖往床上推。小颖用尽全力抽身出来,冲出房间。她不敢等电梯,飞奔下楼梯,跑到服务台对服务人员说有人要侵犯自己,要求帮助。服务台的女服务员一脸惊慌,问要不要打电话报警。小颖却不敢报警,怕损害了对方的声誉,一大笔业务就泡汤了,自己回公司还会被老板处罚。

小颖一直替客户考虑,不想人家才不领情,也追赶下来,并且恼羞成怒,翻脸不认人,当场扇了小颖一个重重的耳光。女服务员吓傻了,忙跑出来拉架,也被打了一耳光,另一个服务员哆哆嗦嗦拿起电话,打110报警。

警察来了,那个男人还在发酒疯,警察把他和小颖都带走,做笔录。因为侵害没有发生,警察批评了那个男人几句,就没事了。小颖乘出租车赶回酒店,收拾东西,连夜赶到火车站,在候

你的善良，不是拿来妥协的

车室待了一夜，第二天早上，坐第一趟火车返回公司。

她跟领导反映情况，没想到，领导不但不安慰她，还说她不懂人情世故，不知道如何处理好跟客户的关系，搞得这么僵，这笔业务算是泡汤了，这个客户也差不多失去了……

小颖回到自己的办公桌，坐着发呆，最后决定辞职。她没有那么强的应变力，也没有那么强的心理承受力，这份工作不是她能干的，给再多钱也不干了。

后来，小颖再找工作，就不再以收入高为标准。她需要不出卖尊严的工作，即便收入低，也不能委屈自己。

## 09

## 别人嫉妒你优秀，你示弱只会招致无理攻击

生活中，有人容易遭人厌恶，有人容易遭人嫉妒。容易遭人厌恶者，一般是自身性格存在一定问题，这样的人往往不是遭到一两个人的厌恶，而是遭到群体的厌恶；而容易遭人嫉妒者，常常是因为在某些方面太优秀。

小瑜就学于一所名校的音乐系，毕业后进了一家国企。本来，国企并不需要艺术生，不过这些年来，各级各类文艺活动和比赛增多，比如歌咏比赛、舞蹈比赛、朗诵比赛，还有其他的文艺演出活动，每年总要搞那么几次，没有个专业人士指导是一件麻烦事。

## 你的善良，不是拿来妥协的

小瑜在一个清闲的部门任职，每天工作量不大。但到了活动或比赛期间，她就忙起来了。她是学音乐的，操办和音乐相关的比赛活动自然游刃有余，但对其他艺术门类不熟，比如，有时候为了增加多样性，在活动中，不选择唱歌，改演小品，这就需要专业人士指导。

然而领导意识不到精专与广博的区别，他认为学艺术的，跟艺术有关的都得会，所以，小瑜必须十八般武艺，样样精通。

有一次，企业要参加集团的大型活动，领导忽然想到大鼓敲起来有震天动地、气势磅礴的效果，就要小瑜去落实。小瑜傻眼了，自己没学过呀！她小心翼翼地跟领导请示，可不可以请老师来教自己学习敲大鼓。领导说："你会弹钢琴，会拉小提琴，改成敲大鼓，有什么差别？乐理不都是相通的嘛。实在要学，上网看看视频就行了。"

小瑜只好上网找资料学习，但是总觉得学不到点上，就把困扰发到微信群里，寻求帮助。一位师姐介绍了一位教大鼓的老师，小瑜非常高兴。老师开价6000元，5节课。小瑜答应了。她先申请，如果单位不同意报销，她就自己掏钱。

小瑜还想申请买大鼓，但大鼓只用一次，以后可能永远都不会用到了，存放在哪里是一个大问题。而领导的性格是能省则省，能借就绝不买，去提这个要求肯定会碰钉子。最后小瑜还是决定自己想办法去借。

这年头，没有白借的东西，小瑜思前想后，还是去租比较妥当。谁有大鼓呢？教小瑜的老师就有。找老师租，这是目前能想到的最好办法了。

虽然租也要花钱，但比买强多了，领导这一次倒也通情达理，没怎么反对。他也知道"巧妇难为无米之炊"。

硬件都具备了，还需要动员一些人参加。小瑜费尽辛苦，终于把这件事搞定了。这个节目效果很好，得到集团领导的肯定。公司领导春风得意，介绍"经验"，说这是自己想出来的点子。大家纷纷夸赞他有创意，有艺术眼光。

有了这一次的成功，小瑜在领导眼里成了能人，大事小事都叫她做。在一些人的眼里，小瑜成了领导跟前的红人。

小瑜年轻貌美，气质佳，家境好，加上长年艺术熏陶，穿着也比较高雅、时尚、前卫。她自认为与世无争，却不知已经被人盯上。

夏天，她穿着一件很飘逸的无袖长裙来上班，并且参加会议。会上，一个女副总忽然发飙，当着所有人的面，骂小瑜思想不端正，穿衣暴露。"这是打算勾引谁？！"难听的话一串一串地往外冒。小瑜整个人都傻了，她完全没有想到自己会这样被女副总骂。这种场合，她又不能辩白，只好低头坐着，强忍眼泪。

会后，同事们都安慰她："别难过，这不是你的错。是你比她美，比她有才华，还得到领导的肯定。是你抢了她的风头，她借题发挥。你看她自己整天打扮得花枝招展，一天一套衣服，不重样……你知道吗？为了展示自己的脸蛋、身材，单位公众号发出来的每一张有她的图都叫人修过，一群人合影，只修她一个人，呵呵。"

小瑜忍气吞声，告诉自己往后一定要低调低调再低调，这样就能避免某些人存心找茬了。可这只是她的一厢情愿。

有一次，集团组织唱歌比赛，单位很重视，领导认为本公司应该夺冠，发动大家踊跃报名参加。一共有12个人报名，但之后集团通知每个单位只能选派两人参加。这就需要从报名的12个人中选出两个来。选哪两个去？领导也没法定夺。那就先在单位里选拔，请各部门负责人都来当评委。工会主席说："干脆做成全公司的一次娱乐活动吧。"

选拔结果可想而知,小瑜名列第一——看来,大家还是有点儿音乐鉴赏力的。前两名选出来了,大家都表示祝贺。没想到其中一个部门女经理,对小瑜说:"我也当过大型比赛的评委,其实我对你非常不满意。我认为你不适合唱这首歌。人家是什么气质选什么歌,不能像你这样乱选。集团参赛的歌曲,毕竟是代表我们公司形象的。你可以去参加比赛,但是必须另换一首歌曲。"

陶醉在胜利喜悦中的小瑜,一下子被这番话打蒙了,不知如何应对,只是机械地说:"谢谢,谢谢,我回去再想想。"

过后,一个女同事私下跟小瑜说:"她哪有什么艺术修养?还吹牛当过大型比赛的评委,鬼才信。你当时怎么不反驳她?"

"反驳她?我当时没想到怎么反驳。"

"她只是工商管理大专毕业,混到部门经理,就觉得自己无所不能了。你越忍气吞声,她以后越对你鸡蛋里挑骨头。"

"我避着她。也许,她不是针对我……"

逃避,是小瑜这样老实人的本能选择。但是被人伤害,一味逃避,肯定不是解决问题的办法,这种软弱会给自己招来更多攻击、更多烦恼。

## 你的善良，不是拿来妥协的

我有一个性格很软弱的朋友，单位安排工作的时候，总是把轻松的给别人，繁重不合理的给她。开始的时候，她总是默默接受。有一次，一个有背景的新人做得很过分，通过我朋友的上级，将我朋友手里马上快要做好的项目直接拿走。朋友气得忍不住了，奔到上级办公室，大吵一通。上级从没见过她那么凶的，也傻了，跟我朋友说了不少好话。这之后，朋友手里正在做的工作，就没有人敢再抢了。单位安排给她的工作，也相对公平一些，没再拿最硬的"骨头"给她"啃"了。

对于无理取闹攻击你的人，就得强硬。对他们一味忍让，只会惯出他们的毛病。你展示出强硬的一面，他们才知道收敛，才会明白什么叫尊重别人。我们当然不能放纵自己去做恶人，但是受到无理取闹者的纠缠，也绝对没有义务忍气吞声配合他们"演出"。

你的善良，不是拿来妥协的

## 第四辑 面对不善，由他去吧

　　不善的人有个特点：固执，绝不会承认自己不善。遇到这样的人，闪开就好，不辩驳，不争论；他开心，你也无所谓。毕竟，非生存与死亡的问题，本也无关痛痒，由他去吧！

# 01

## 那些逻辑性差的人难以沟通

逻辑是很重要的东西,可惜有些人没有。

我们身边存在诸多逻辑错误,有的话听起来十分可笑,有的话显得非常别扭,有的话则让人感觉相当不愉快。

有一次,几个朋友聊天,朋友甲说:"咱们区人文环境好,学生家长中读书人多,生源是全市最好的。"他说的是事实,但朋友乙是另一个区的,听了非常不高兴,怒气冲冲地说:"你们区最伟大!"甲说:"这跟伟大不伟大有什么关系?我只是说人文环境好。"乙说:"你们区那么伟大,怎么没见到出个国家主席啊?"

## 你的善良，不是拿来妥协的

市井生活中，你讲A，他理解成B，太常见了。你解释也没用，人家顺着自己的思路，怎么说都有理，就是要把你压倒。遇到这样的人，怎么办？憋住，跟逻辑混乱的人辩论争吵，等于自贬身价。

前两年，孩子读高中，那是一个非常注重素质教育的学校，创办几十年来，一直都没有寄宿制（因为在市中心，学校小），也没有晚自修，大家自由发展。孩子们的妈妈可不乐意了，组一QQ群，开始讨论，要求学校必须像其他寄宿制学校那样办晚自修。然后有一些妈妈设想："有晚自修好，孩子两餐都不用在家吃饭，省了买菜做饭的时间。在学校有负责的老师看着，不像在家里玩电脑玩手机，而且校内老师给补课又不要花钱，比去培训机构省多了，一年可以省好几万元，而我们家长可以去唱歌、跳舞、散步、练瑜伽，和朋友聚会……谁说中年妇女没情趣，咱们可以把生活过得美美的。等时间到了，接孩子回家，完美避过晚高峰，最好是能寄宿……"

有清醒的家长说："真是想得美。你以为老师是机器人，还是不食人间烟火的仙人？你们懂得要过美美的充满情调的生活，那么，老师的孩子谁接？老师的孩子谁来辅导？老师家的老人谁去照顾？老师除了白天上班外，就不需要留点儿时间做点自己的事情？"

有的家长说："都高中生了，又是好学校，应该自觉学习，别总指望占老师便宜。还免费补课，问问你自己，下班以后，天天晚上要你加班不给钱，你干不干？"

有的妈妈怒起来："教书育人，这难道不是老师该做的？"

是的，教书育人是老师的责任，但难道不是家长的责任？老师侧重于家长做不到的教书、教学，而教育、育人，家长是要承担很大一部分责任的。如果把一切教育责任都推给老师，将来孩子出什么差错势必也会全都怪罪老师。

逻辑性差的人还有个特点：固执。他们是绝不会承认自己逻辑性差的。遇到这样的人，闪开就好，不辩驳，不争论，他开心，你也无所谓。毕竟，非生存与死亡的问题，本也无关痛痒，且由他去吧。

## 02

### 不要展示痛苦，因为不只你一个人有委屈

遇到难处，承受力不强的人，就想找人倾诉，有的不只找一个人倾诉，简直是逢人就讲，把自己的不幸甚至家丑通通都倾倒给别人，希望借此排解掉内心的痛苦和压力，更希望通过倾诉解决问题。然而，内心的压力可以稍有缓解，但问题是不可能通过倾诉解决的。

吴姐就是一个喜欢跟人倾诉的人。她的同事每天都能听到她抱怨丈夫没本事、孩子贪玩、婆婆很小气，等等。

同事一开始还适当地安慰她一两句，后来就当她是祥林嫂，只要她一开口，就纷纷找借口避开了。

也许是受到母亲的影响,吴姐的女儿也是这样,谈恋爱的时候,她和男朋友的故事源源不断地出现在朋友圈里,秀恩爱,吵架,分手,和好……正如她的一个朋友说的——精彩好戏每天都在上演。结婚以后,婆媳关系不和,老公不体谅,孩子不乖不听话……也每天出现在朋友圈里。不仅发朋友圈,她还喜欢跟人当面倾诉,逮人就倒苦水,有的人是初次见面,话题也会很快被她拉到家庭琐事上,搞得大家很尴尬。后来,大家走路都绕开她,怕被她缠上讲个没完没了。

在她看来,自己并没有做错什么,也没得罪人,怎么大家就躲着自己了?

她不能理解:每个人都有自己的烦恼,都有需要处理的麻烦事,哪里顾得上天天去管别人的闲事。

网上有一句玩笑话很好玩——"你有什么痛苦的事说出来让我开心一下"。

由此可见,除了至爱亲朋以外,那些伤心痛苦的事情在多数人眼里根本不值一提。没有人真的关心你到底过得怎样,甚至你在诉说自己不幸的时候,对方根本就没听进去。这时候,闭上嘴巴,是聪明的选择。再有,你的苦水倒了一遍又一遍,谁又能帮到你什么呢？有这倾诉的时间、精力，还不如想办法去改变不如意。

还有一种人，所有艰难困苦一肩挑，不声不响，不到走投无路，完全感觉不到他的困难竟有天大。

我有一个认识十几年的朋友，读书时高考分数在当地名列前茅，到北京某名牌大学读书时是高材生，个人素质极高，大学毕业回到家乡，在省城里找到一份相当体面的工作，工作起来勤恳认真，做事尽善尽美。在很多人眼中，她是女神般的存在。

有一天晚上，我接到她的电话，她用一种我从未听过的语调跟我讲话，先是向我道歉，说自己很冒昧唐突，因为家庭遇到极大的变故，能帮她的人，都找遍了，我和她是君子之交，本不该来麻烦我的，但是实在扛不过去了……说着说着，哭泣起来。

我认识她以来，她一直都心气很高，遇事也很淡定从容，从没见过她这种状态，我急忙问出了什么事。

虽然窘迫难当，但她说话还是极有条理。我明白了事情的经过。

两年前，她丈夫瞒着她借了高利贷，用房产作抵押，因为生意失败，人家逼债上门，要求偿还。她这时才知道出了这么大的事。为了丈夫不至于被逼上绝路,她借遍了所有能借的钱,可还是杯水车薪,她不得不出面去借贷,各种信用卡,能办的都办下来,还办了中小企业贷款、信用贷,甚至高利贷,然后跟丈夫离婚,所有债务自己一人扛。为了还债,她除了工作,还跟朋友合作办托管机构,接各种项目做,可是债务太重,她不得不借新钱还旧钱……

她问我能不能借钱给她,多借一些,因为暑假,这两个月没有学生上托管班,而她要还很多的债。虽然我自己也不是有钱人,但面对这样一个若非毫无办法绝不会开口向人借钱的女子,我不忍心拒绝,马上转了一笔钱给她。她希望我还能再借给她一些,同时坦承她这两年太紧张,要等两年后还我。我答应尽我所能,陆续再借给她。

如果不是这个电话,只看她的朋友圈,谁也想不到她遇到了这么大的困难。

在朋友圈里,她一直都是笑对生活:或是转发单位公众号上对全市人民有价值的信息,或是陪同女儿学习,参加各种活动,或是出去上公益课,或是发女儿充满才情的文章……其实,一直以来,我都有疑问:"她女儿的爸爸怎么长期缺席孩子的生活?

你的善良，
不是拿来妥协的

还有，她居住的地方怎么那么简陋？"如今有答案了。

她没有到处跟人吐苦水，只在不得已求人的时候，才说出自己的境遇。在她的身上，我看到了这么一句话：岁月待我以凉薄，我还生活以宽厚。

## 03

### 他人的欲望，不要成为你的桎梏

当别人为了达到自己的目的要求你要做点什么的时候，你要有自己的思想和判断，不要怕得罪人，不要跟风，不要被他人的欲望"绑架"，这样才能保护自己的身心不憋屈。

小思在一所学校教书，有一次，一个家长通过一个副校长要请他孩子班级的所有科任老师吃饭。这位副校长并不愿意，答复说："老师对学生都是一视同仁、公平公正的，遇到事情不会偏袒谁，就算请客吃饭，老师也不可能偏袒你家孩子，你孩子需要老师辅导可以直说，老师会尽全力做好。"

但是，这个家长一定要请客，他辗转通过某些渠道说服副校

你的善良，不是拿来妥协的

长去吃饭，副校长感受到了一些压力，不得不同意，顺便带上了这个班的所有科任老师。

现在，谁还缺一餐饭呢？老师们也并不都情愿，但副校长的面子，又不好驳，只好去。

酒桌上，那位家长和他的同伴一个劲儿灌老师喝酒，不管男老师还是女老师，有老师拒绝，说自己开车来的，不能喝，他就说可以请代驾。最后每个人都喝了不少酒。

小思从来没遇到这样的事，她有些醉意，但还是坚持自己骑着"小电驴"回家。回家以后，从没喝这么多酒的小思开始全身发痒，使劲抓痒，身上一道一道的抓痕。她觉得不对劲，去看医生。医生了解情况后，告诉她这是酒精过敏，需要几天才能慢慢消下去。小思痒到不能上班，不得不请假，一周之后才慢慢好起来。

这个请假后续麻烦不少，月绩效被扣，年终奖被扣，七七八八的扣掉了2000多元钱。对依靠工资度日的小思来说，喝几杯酒损失这么惨重，还没处投诉——如果投诉，人家反过来说老师"吃请"，反而是犯了更大的错误，真是哑巴吃黄连，有苦说不出。她下定决心：以后，不管哪个家长请客，坚决不去，就是领导出面邀请，也绝不给面子。

后来，还真有类似的事情，小思真就拒绝了，虽然没给同事面子，惹同事不高兴，后来都不怎么理她，但要坚持自己的意愿，也就顾不得他人不高兴了。

这种貌似被人给好处的事，拒绝起来，比较理直气壮，而有的人面对他人求自己帮忙，拒绝起来就有些为难。

阿玉是一家公司员工，喜欢摄影，有空就会背着相机跟大家一起外出采风。有一年，公司举办摄影展，其中一位同事的一幅作品赢得了大家的关注。那是该同事通过天文望远镜拍摄到的月亮。一位老员工看得眼馋，也想买一架天文望远镜来拍摄夜空。他怂恿阿玉一起买，说是"团购会便宜"。阿玉被说得心动，便答应了。一架天文望远镜400多元，有点贵，但也还付得起。阿玉以为都是这个价，那也没啥，不料，有一天，一个参与团购的同事给阿玉看淘宝网的售价，同款都是150多元。这是怎么回事？阿玉有点儿懵，怎么"团购"还那么贵？

贵就贵吧，就当买到质量更好的了。

阿玉拿到天文望远镜后，正赶上当天是月圆之夜，马上摆弄起来。可是阿玉调节了好久，终于能看到月亮了，但仅仅是比肉

> 你的善良，不是拿来妥协的

眼看到的大一号，至于月亮上面的那些"坑""海"，根本无法放大到满意的程度。

这架天文望远镜成了"鸡肋"，在家里占地方、沾灰尘，直到有一天来了一个喜欢看星空的孩子，阿玉赶紧把它送给对方了事。

后来，阿玉问那位老员工他家的天文望远镜现在还在用吗，对方说，早就送人了。

没过多久，这位老员工看到有人出去摄影穿着浑身上下都是口袋的摄影服，又开始动员大家"团购"。当他再次找阿玉"参团"时，阿玉问："买了有机会穿吗？"对方没有正面回答，而是说："你看他们，都买，每人一件。"阿玉牢记天文望远镜的前车之鉴，拒绝"参团"。后来，果然如她所料，大家出去摄影时，并没有穿所谓的"摄影服"。至于理由，概括起来说，就是："又不是真的摄影师，只是爱好者，拍得又不好，摆那架子，万一行家过来看，脸上能挂得住吗？"

阿玉暗自庆幸，这一次，自己算是把持住了，侥幸没有跟风跟到坑里去，否则又是花钱买了无用的东西，占地方、沾灰尘。

物质上的东西，因为要花钱，会心疼，克制起来还比较容易，遇到与精神荣誉相关的东西，想控制住欲望，难度就大了。

老程是名科研工作者，有一次，他的一个学生来求他帮忙，在后者申请的一个课题里挂上名字，以提高课题的含金量，方便通过审批。

老程已经有很多科研成果，拿过很多奖项，看重自己的名誉，他要求学生把材料发给他看后，再决定是否参与。老程看完材料，认为课题没什么价值，不想参与。但是，架不住学生软磨硬泡，老程最后还是同意了。

以老程的性格，挂了他的名字，他就一定不做甩手掌柜，他不能容忍自己参与的课题太平庸，出不来成果，所以，他比课题主持人都勤奋，像自己做课题一样，全身心投入进去。结果，自然如他所愿，但课题的主持人即那个学生，得了荣誉，拿了不少的奖金，对老程却一点表示都没有。

虽然老程不是个争名夺利的人，但那个学生的事后表现，还是让他相当失望，决定以后不跟对方再有来往。

## 04

### 你心中的"宝",何必分享给不欣赏你的人

有写作爱好的人,都喜欢写出来的作品有人看,有人回应,有人赞赏,所以想方设法推荐出去,希望扩大受众群体,扩大自己的影响力。

阿姮就是这样一个写作爱好者。她喜欢写,早年在报刊上也发表过很多,后来,纸媒衰微,转向网络。可她在一些平台上写作,并没有吸引太多人气,因为她不愿意写那些没有营养价值的口水文章。但是,她又很希望能有人欣赏自己的作品,所以每次写完,就尽可能多地转发到她所在的群里。

开始,大家都"点赞""鼓掌""送花"表示赞赏,不过,

时间长了，阿妲的作品风格没有大变化，一直都是很小众的表现形式，大家的热情也就消退了。而阿妲还乐此不疲，继续满怀激情地发，并且请求大家转发出去，结果自然响应寥寥。

阿妲还算好的，因为是个人公众号，一天只能发一条，有时没空，几天才发一条。有一位早年写纸媒的作者，转写公众号后，热情如岩浆喷涌，完全摁不住。他申请的是企业公众号，每天可以发数条。于是，他每天沉迷于发公众号，忙得不亦乐乎。

所有草根的公众号转发到自己所在的微信群，几乎都是同一结局：开始有人看，有人点赞，然后就没人理睬了。

这位作者每天花大量时间做这件事，得到的是无人喝彩，很受伤。

每个人心中都有自己的"宝藏"，如果有人欣赏，自然更好，如果没有人欣赏，又何必强迫人家欣赏呢？可以换一种方式，从其他渠道寻找观点一致、审美一致的志同道合者，互相欣赏，找到最适合自己的路径，坚持不懈，才能有比较好的收获。

慧就是这样一个女子，她也写公众号，但她知道一个公众号要打出名声，不是靠默默耕耘，或者在熟人圈里转发就能解决的，需要强有力的团队运作。如果只是写自己生活中遇到的人事物景，没特点，缺热点，无高度，熟人看看，点点赞，也就罢了，别指望阅读量能达到10万+。

慧一边写公众号，一边研究学习别人的成功经验，最后选择了一个自己擅长的方向全力以赴。她把自己的公众号文章定位成情感家庭婚姻方面的分析建议。

这还真被她闯出了一条路，订阅者增加，阅读量增加，转载的人也多起来……后来，有文化公司找来，要将她的文章结集出版。书出来以后，受到市场欢迎，成了畅销书。慧由此成了畅销书作家，打开了一扇通往专业创作天地的大门。

## 05

### 面对挑逗，戒之远之

滢滢是从小镇考出来的大学生，工作以后，总是害怕同事瞧不起自己，尽量融入群体里去，把自己包装成一个相当开放的人。这么一来，与跟她同时进公司的另一个小姑娘潇潇相比，滢滢受欢迎得多。

办公室里，只要有滢滢在，总是热闹非凡，笑声不断，大家都叫她"开心果"，随便什么场合，她都能开玩笑，随便什么话题——即便是些成人玩笑话——她都能搭上茬。而潇潇总是孤单一人坐在自己的座位上，做自己的工作。同事觉得潇潇很孤僻，不爱讲话。不过，潇潇干活倒是很麻利，把自己的事情做完

你的善良，不是拿来妥协的

后，如果有人需要帮忙，她也愿意帮，所以大家对她的印象也还不错。

有大姐直接对滢滢说："你看上去真不像小姑娘……"

"我都23岁了，当然不是小姑娘了。"

"不，我不是这个意思，我是说你像结婚多年的妇女，啥话都敢说。"

滢滢瞬间脸色一变，但她怕得罪大姐，不敢反驳，"哈哈"一笑，就过去了。

有一次，公司安排外出参加拓展活动。活动结束后，大家聚餐，喝起酒来，醉醺醺的，话就多了，个别男同事就开启了一些不适宜的男女间的话题。因为平时滢滢给大家的开放形象，所以，男同事们说着说着，火力点就集中到了滢滢身上。趁着有人起身敬酒或者去卫生间，不仅本部门，甚至公司其他部门的一些拿粗俗当有趣的男同事，都集中过来，坐在滢滢这一桌，借着酒劲儿围着滢滢说些不方便照实记录的过头话。其他女同事看见这种情形，有的起身到其他桌去了，有的则坐在一边看笑话。

话说得越来越露骨，滢滢终于撑不住了，趴在桌上号啕大哭。

大家觉得无趣，纷纷站起来，走开了。

几个女同事将滢滢劝回住处。滢滢继续哭，大家劝她："他们喝醉了，别把他们的话当回事，就当放屁好了。明天，他们就全忘记了。"

滢滢哭道："为什么他们都欺负我？"

大姐正色说："滢滢，不是我说你，你平时说话太随便了，人家会以为你是个随便的人，当然就往你跟前凑了。你看潇潇，总是严肃庄重，谁敢跟她开玩笑？"

潇潇在一旁解释说："我从小就不爱讲话。"

大姐说："工作上该讲的时候讲，不该讲的时候，沉默是最好的态度。不爱讲话不是缺点，爱讲话也不是优点。加工资，还得看业绩啊！平时对于男同事们的一些出格话题，不参与就是对自己的最好保护。"

滢滢说："大姐，谢谢你，我知道了。"

的确就像大姐说的，在公司，为了合群，硬把自己包装成一个不拒绝低俗话题的人，既委屈了自己，也容易受到个别人的一些言语上的冒犯，实在不可取。

## 06

### 别对我"道德绑架"

很多人对别人求全责备,对自己却宽大为怀,如果别人不肯按照他要求的来做,就会进行"道德绑架",把对方贬损成道德败坏的形象,以达到怂恿他人对当事人施行人身攻击的目的。

某年,某地发生了震惊世界的大地震,全国都开展捐款。有一所学校的一位班主任拿来一个捐款箱让大家捐款,班长第一个上去捐款,因为他家境不好,身上只有20元钱,这是他一周的午饭钱。他把钱放进去,老师吃惊地瞪着他:"你就捐这么一点?"班长点点头,说:"嗯,我身上只有这些。"

老师说:"你太让我失望了!你还是班长,才捐这么一点,难道你不知道这次灾情的严重？你的同情心只值这点钱？"班长完全没想到自己率先捐款还落得这样的指责，他感觉无地自容。

老师拿出100元钱，说："同学们，你们看，老师捐100元！你们自己看着办……"有两个寄宿生上去，各捐50元。大多数同学说没带钱，明天捐。老师说："明天记着带钱来捐！"说完，看看班长，说，"你明天还捐不捐了？"班长说："我不捐了。"

老师气急败坏，面向全体学生说："你们看！他还是班长！但是有什么用？！人没有爱心，对社会毫无用处！你们不要学他……明天，每个人至少捐50元。"

班主任的几句话，刺痛了班长的心。

生活中，我们常见到的道德绑架是坐公交车，上来一老年人，倚老卖老，逼别人让座，对方稍不如他（她）的意，就会出言不逊，甚至做出极端的举动来。

曾有一个小男孩背着重重的大书包坐在座位上，没按要求站起来，那老人骂他："小学生，还戴着红领巾，一点都不懂礼貌！老师没教你要尊敬长辈吗？没同情心。"然后，竟然一屁股坐在孩子的腿上。那小男孩连吓带气，哭了，只好站起来。老人又一屁股坐下，翘起了二郎腿。有乘客说他这样不对，他瞪起眼来骂骂咧咧，不可一世。

此类事情多了，就生出一句"坏人变老了"的话。明明是个别老人的恶言恶行，却损坏了老年人的群体形象，让更多的年轻人不敢对老人伸出援手，总怕有比道德绑架更严重的"碰瓷"倒霉事降临在自己身上。

有的人是利用人们善良的心理，本着"我弱我有理，我穷我有理"的作派进行道德绑架。

曾有一位朋友开车时被骑电动车的人给刮了，朋友下车理论。骑电动车的看朋友是女的，周围也没有其他人，就嚷嚷："你明明有保险可以赔，竟然叫我赔，有点儿同情心行不行？大姐！"

朋友说："你刮了我的车，当然是你赔，而且保险公司如果知道我把肇事者放跑不索赔，是不会赔我修车费的。"

"你就告诉保险公司，不知道是谁干的！不就完了吗？多大点儿事儿呀！"说完，骑上电动车就跑。

朋友想开车追，可一考虑，万一在追赶过程中，对方出了意外，自己麻烦更大，只好自认倒霉。

像这类人，明明对别人实施道德绑架，却把自己打扮成真理、正义的化身，更显出伪善。

你的善良，不是拿来妥协的

第五辑

# 善心指引方向

作为普通人，我们可能没有高深的智慧，也无力化解别人的尴尬处境，但至少我们不要媚上欺下，不要给他人"馈赠恶意"，不要为他人制造困境。"知世故而不世故"，是对世界释放的最大善意。

## *01*

## "知世故而不世故",方为真善

职场新人小怡是一个"人精",她在大学里就很注意结交对她有帮助的人,所以她的闺蜜们分布于不同专业,那些家境好、父母身份地位都比较高的女生才有资格做她的朋友。本专业本班本宿舍的同学反而跟她没有太多的交集。

从那些家世很好的闺蜜身上,她学到很多东西,也得到很多东西。离开校园,步入社会,这"宝贵"的经验也被她带到职场上。

小怡眼尖,很快就看明白了各个领导的地位和特点,那些她认为现在和将来对自己有用的大中小各层级的领导,她都毕恭毕敬、端茶倒水、帮忙叫外卖、送土特产……公事私事,不管该不该自己做的，都一肩挑。那些领导对她的评议非常好。

然而，她回到办公室，却一副冷脸，只对办公室的头儿绽放欢颜。

办公室里有几个大姐级的人物，年长小怡一倍左右，有的跟小怡妈妈同龄，但小怡从不把这些人放在眼里，觉得她们就是普通办事员，没能力没上进心，二三十年都爬不上去，以后也不会有机会爬上去了。所以，她对她们熟视无睹，因为工作需要跟大家互动时，也总是公事公办的口吻。

女人堆里，大家都是千年的狐狸，都是从年轻熬过来的，小怡那点小心思，谁还不知道呢？

像读大学一样，小怡又被孤立了。不过没关系，顶头各级领导都罩着她，想要的荣誉也是手到擒来。她从入职起，连续几年都是优秀员工。获评优秀员工，年底的奖金会多发一倍，这对于一般人来说，多年渴求不来，对小怡而言，就像玩儿一般，轻松获得。

后来，最关照她的几个领导辞职的辞职，调岗的调岗，中高层领导全都"换血"，她忽然发现自己没有依靠了，而新来的领导改革了评优的办法，改为先基层推荐，再领导开会评议。

这一年，小怡觉得自己做了不少事，虽然很多是为前任领导做的，没有张扬，也不方便张扬，但是自己毕竟是比别人多做了不少。这荣誉又跟奖金紧密挂钩，无论如何都要争取一下。不料，部门投票结果令她备受打击——除了她自己的那一票外，竟没人投她的票。

小怡从此一蹶不振。

著名演员黄渤虽然长相一般，却广受欢迎。这源于他有一颗聪明又善解人意的心。他从不咄咄逼人，还善用智慧幽默化解别人对他的"刁难"。

有一次，黄渤作为颁奖嘉宾出席金马奖颁奖晚会。黄渤穿一套设计别致的礼服，有点儿像睡衣。郑裕玲说自己以及台下的嘉宾刘德华、梁朝伟、成龙都穿着礼服出席，黄渤怎么穿着睡衣就来了？！黄渤笑着说，因为他们都是客人，客人到别人家做客，当然要穿礼服了，而自己在台上，是主人，主人在自己家里，想穿什么都可以。

他的机智应答赢得了大家的笑声和掌声。

黄渤更善于理解别人的困境，化解别人的尴尬。

## 你的善良,不是拿来妥协的

在一期《挑战极限》的电视节目上,"极限兄弟"走进村子,探望留守儿童,其中一个孩子,母亲生下他三个月就离开了,很多人都在感慨这个母亲太狠心。这时候,黄渤说:"她嫁到这个村子来,你们也都看到这屋子里,这就是她今后半生将要面对的生活!当然母爱是伟大的,你可以接受这些,放弃自己的一切,给孩子带来光明,但并不代表这就是唯一的、绝对的、必须的答案。她抛弃了孩子,这当然不对,但是你没办法去和她讲这个道理。"

当所有人都站在孩子、家庭的角度,指责孩子母亲自私的时候,黄渤站在一个女性的立场思考并讲这些话,这是很难得的。

有一次,他在一档综艺节目中,和黄磊谈到他即将上映的导演处女作《一出好戏》。黄磊开玩笑地问:"听说孙红雷和徐峥在你电影里的戏份都被剪掉了,这是怎么回事?"黄渤回答:"他们演得比主演都好,盖过了主演,那我不得不剪了。"又说,"你看你们客串我的戏,没收钱吧?没收钱我给你剪了,你有什么意见呢?"

观众被黄渤的机智折服。

"知世故而不世故",是对世界释放的最大善意。

## 02

### 不做他人倾倒不良情绪的"垃圾桶"

身边有一个"活宝",会给大家带来很多欢乐,如果把"活宝"换成爱倾诉的"嫉妒狂""吐槽狂""自大狂""受害妄想狂"等,那是要多糟心就有多糟心。

小谢工作单位有一位同事桃,性格有些怪异,如果是跟她没什么交往的外围同事,会感觉她很客气,很和善,会主动跟人打招呼,有时候还会帮人出主意。可一旦跟她走得近一点,就会感受到她神神叨叨,会说一些异于常人思维的话。

有一天中午,大家吃完饭在办公室聊天。桃的办公室在隔壁,她踱过来,拉把椅子坐下,跟着大家聊。小谢平时和她是点头之交,见大伙儿聊得很来劲,也顺着桃的话说了几句。

那以后,桃就跟小谢成了朋友。开始,小谢并不反感,觉得同事嘛,聊聊天无妨。桃没有加小谢的QQ,但不妨碍她经常从单位的QQ群里找到小谢,用小窗跟小谢聊天。

一次,听说小谢买了一辆车,桃说:"哎呀!你好有钱,好厉害,都买车了。"小谢觉得这话有点儿刺耳。单位里有车的占大多数好吗,我算是末尾几个买车的,而且住得远,每天倒两趟车来上班,实在很累,不得不买车,再说,你自己开车上下班都好几年了,有什么好大惊小怪的?

小谢解释自己住得远,赶公交不方便。桃说:"单位车位那么紧张,还开车来,既不环保,又占了一个车位。"小谢有点儿生气了:这人有病吧?自己住得近,开车来,都可以,别人一开车,就左一个不环保,右一个占车位,这到底要闹哪样?干脆不理她。

有一次,桃主动给小谢留言,说自己受到不公平对待,同等条件下,没让别人做的事偏要让她做,很不爽。小谢想安慰她,说:"别人,不是也安排了别的任务了吗?每个人都要做自己那一部分的。"桃叹了口气,说:"唉,我这是没有领导照顾,没有保护伞!"小谢说:"这跟保护伞没什么关系吧?每个人都要做自己的一部分工作,拿人家工资,也得做自己该做的活儿不是?"

有一个跟桃很要好的同事彬因为身体不好,请了长期病假。桃很不高兴,跟另一个同事说:"彬长期病假,还要给她发工资,这不是占咱们的便宜?"

那个同事说:"怎么占咱们便宜了?"

桃说:"给她发的工资是咱们赚的钱。"

正好小谢在旁边听见了,便替彬打抱不平:"也不能这么说。她请假,已经被扣工资了,据说现在只拿500元钱,要说占便宜,也没占多少便宜吧?再说,之前,她在岗的时候,也很努力工作,赚的钱,摊到现在,也够发这500元的。"小谢心里憋着一些话没说出口:"哪个人是金刚不坏之躯,不会生病?生病了,本来就很难受,不同情也就罢了,还说风凉话,一点儿同情心都没有。你还是她最好的朋友,这样说她,太不厚道。"

这种凡事只考虑自己,对别人不满意,以致牢骚怨言不断的人,生活中有,网络上也有。

在一个群里,有一个女网友,经常抖落她的家人家事以及她

> 你的善良，不是拿来妥协的

遭遇的事，一说就是半小时、一小时。

比如，她父亲是离休干部，喜欢写诗，不仅自己写，也逼女儿写，所以女儿才有了写作的情结，也有了混碗饭吃的机会。她父亲退休金很高，但是都被姐姐拿走，父亲病重住院期间，姐姐都不管，都是她在病床前当孝子。父亲死后，姐姐还要来争家产。母亲和她一起住，把父亲的丧葬费给了她2000元，她已经很满足了。她时不时上网把姐姐骂一顿。

再如，她父亲未了的心愿是出一本诗集，现在诗集都要自费出版，办不到，正好她城市里有领导愿意把她父亲的一个故事改变成广播剧，这件事自然是由她这个作家女儿来做最合适。她埋头干了几天，上面拨的两万多元钱不够，剩余部分还没到账，制作的公司贴了8000元，问她要，她天天上网骂，骂完就把手机关机，拒绝接电话。

又如，她和很多文友的小说一起被一家影视公司收购，这家影视公司因为资金周转问题，钱只给了70%，还有30%欠着，请求大家宽限一段时间，但一定会给的。她就天天上网痛骂这家公司是骗子，这项业务的负责人是骗子，把总监、编辑、财务天天挨个骂，骂到人家无地自容。

还有，她下楼荡秋千，和小区里的幼儿争秋千，把人家孩子痛骂一顿，并理直气壮地说："秋千又没有贴标签说只有小孩能坐！"

也许，在她的生活中，除了母亲，再也没有可以谈得来的亲戚朋友。她每天或在家闭门写作，或参加市里的各种文艺活动，那种场合，见到的都是有头有脸的人物，对她发表、获奖有利用价值的人物，她怎么可能跟他们发牢骚？于是，她把所有的怨气一股脑儿倾吐到网络上。她不接别人的话茬，也不需要别人回答，就是自顾自地倾吐……每次都是没头没脑地冒出来，倾吐几十分钟后，就不说了，继续写作赚钱去。她离开了，却给所在的群留下一地鸡毛。后来，大家都很少在群里说话，好好的一个几百人的信息交流群，就这样被她搞废了。

未经允许，也不管对他人会造成怎样的影响，随处倾倒不良情绪，这分明是把他人当作自家情绪的"垃圾桶"。对这类人，能做的就是屏蔽、拉黑、删除。

## 03

## 只想占便宜的人没法相处

有一种人，自己口袋里的钱是只能增加不能减少的，而别人的钱是可以随便花的。所以，常见到有人老是吵着要别人"请客"，一旦有人答应了，自己就热情洋溢地跟去吃，等到别人叫他（她）请客时，就"顾左右而言他"了。

这种人占别人便宜，一次两次，能得逞，多几次，必定惹人烦。

老陈是公司里公认的小气鬼，从来只吃别人而不请别人吃。同部门的人总会有工作晋级、买了新房新车、多发点儿奖金以及孩子上学或中考、高考、考进重点等开心事，这些事一旦被老陈知道了，就催逼人家请客。老陈每次都吃得很开心，而他自己从没请过客。

大家开玩笑说："老陈，什么时候你也请客，请大家聚聚？"老陈说："我又没有什么值得庆祝的事情，如果有，我当然也很乐意请客。"有人说："老陈，你买房子，搬新家，这么大的事情，还不值得庆祝？"老陈抵赖："我哪儿有？""别瞒我们，我亲眼看到你在财务那边填提取公积金的单子。"老陈没法抵赖，只好再找借口："那房子是我老婆的名字，跟我又没关系。"结果，老陈还是没有请客。

不过，有一次，老陈却请客了。当然不是自愿的，是他遇到"天敌"了——比他还厉害的程阿姨。程阿姨为人很热情，只要不掏钱的忙都很乐于帮，她帮老陈的儿子介绍了一个女朋友，两人谈得挺来劲。程阿姨逼老陈请客，老陈还推："又没有结婚，说不定就分手了。等结婚了，来喝喜酒……"程阿姨说："你不要这么诅咒你儿子和他女朋友好不？不往好里想，只往坏里想，没见有你这样的准公爹。再说，结婚喜酒，我们是要出份子钱的，怎么能算你请客？"程阿姨有个特点，想要的东西无论如何都要得到。老陈没答应，程阿姨就天天跟在他后面念叨。念叨到

**你的善良，不是拿来妥协的**

最后，老陈受不了了，只得答应请客。

这是老陈唯一的一次请客，虽然吃得很一般，但好歹是请客了。

看来，小气的人，只有比他更小气的人才能治他。别人叫老陈请客，都只是说说而已，他拒绝了，谁也没有强迫他，但到了程阿姨手里，就不一样了，她不怕拒绝，坚持坚持再坚持，就是要让老陈无论如何都要请客。

生活中，这样能坚持的人不多，多数人脸皮薄，或者说，感觉自己还比较"有素质"，不做强迫人的事。所以，吃了亏，只会往肚里咽。

我有一位朋友，工作后和一个女生一起租了一套两居室的房子。朋友从小爱干净，做饭、洗衣、拖地，样样都很勤快；那女生则相反，基本不做事，回家就躺在那儿看手机，或者玩电脑。两人基本同时下班，一开始，女生是叫外卖，餐餐都是外卖，吃完了快餐盒扔垃圾桶里就不管了。朋友很纠结——要不要做了饭菜叫她一起吃。憋了几天后，心里很不舒服，想想，还是叫她一起吃吧。女生倒也不客气，朋友做好饭菜摆在桌面上，叫她出来，她大模大样地往那儿一坐，像个"老祖宗"，吃完了，说声

"谢谢"，碗筷一推，回自己房间去了。

朋友请她一起吃，解决了一个心结，却又生出若干个心结：以后天天一起吃饭吗？如果长期这样，难道不该主动提出分摊点儿买米买菜的钱？如果叫外卖，不也要钱？还贵又不健康。还有，她不做饭，洗碗总该会吧？怎么能吃完躲回房间去？自己又不是服务员……

第二餐，朋友不好意思不叫她一起吃。吃完饭，女生照例放下碗筷就回房间，这一次，连"谢谢"都省了。

两天之后，朋友觉得心情很不愉快，决定把丑话说在前面。她去找女生谈，提到一人做饭，一人洗碗，还没说共同分摊伙食费。那女生反抗了："我从来没做过呀！在家里都是我妈做的，我妈从来不让我做。洗碗，又油又脏，手上很难受的，这种事，我怎么能做？你是比较有生活经验的，不能欺负我这样没有生活经验的人……"

朋友好生气，谁让自己贱，叫她一起吃饭的？明明就是自找的，人家可没提这个要求。朋友什么都没说，只是憋出内伤了，失眠了大半夜。

早晨醒来，摸手机看微信，没想到，女生竟然把她的一大堆

# 你的善良，不是拿来妥协的

理由都发到了朋友圈，说自己本来不需要照顾，同屋的非要叫她一起吃饭；自己本来就不会洗碗，同屋的非要叫她洗碗，太欺负人了。

朋友的肺都要气炸了。

跟这个女生是没法一起住下去了，等时间到了，就搬走。朋友也不想白请她吃饭了，自己做了自己吃，吃完自己把碗洗了，回屋。

不想，女生又在朋友圈发牢骚，说自己被虐待了，以为有饭吃，结果人家自己吃了，也不通知一声，害她还得重新叫外卖。

什么都发朋友圈，难道朋友圈是法庭，可以断案？这不是摆明了要让自己看到？

朋友很无奈，自己怎么做都不对，干脆，下次也不在家做饭，在外面吃完回来。虽然她觉得在外面吃不卫生不健康，但也好过受气。她本来想熬到一年，等房子合同到期，后来，实在受不了，提前退租，宁可因为违约被房东扣钱，也不愿意再跟这样的人同住一室。

有一个大学女生，同宿舍的一个舍友洗浴用品和化妆品用光以后，再也不买，一直用她的，边用边发朋友圈骂：牌子太烂，太抠门，不舍得买好的……

那位女大学生非常郁闷，却又没办法，只好打上马赛克，发到网络上寻求帮助。虽然很多网友提了很多的建议，但估计脸皮薄的她还是没法对付那个厚脸皮的舍友。

还有一个网友，当别人需要帮助时，她从不伸出援手，虽然从她晒的图来看，生活是很好的。一次，她销售自产自销的商品，发了9张截图，表示很多人买，她对这些人表示感谢，说他们才是真朋友，有的人买了好几份送人，有的人给的钱都超过了商品价值的两倍，不像有些人，天天给她点赞，到关键时候，一毛不拔……不知这样的话故意恶心给谁看。

生活中，只想占别人便宜的人是很难相处的。人与人之间交往，讲究礼尚往来，给人方便，自己方便；给人添堵，收获的只会是如潮恶评。

## 04

### 不接受"刀子嘴豆腐心"

"刀子嘴豆腐心",在很多人看来是优点,说什么:"人家没有害人之心,在这社会已经很难得了好吗,只是说话刻薄一点,难听一点,本意也是为了你好。"

是的,在这个社会,人人都有压力,都过得不容易,都希望别人对自己好,但这"好"一定要以刻薄或难听的语言讲出来吗?我自己已经烦躁郁闷不安了,我拒绝听这样出于好意的刻薄难听的话,不可以吗?

朋友华华,三十多岁,与她一同工作的一个大姐五十多岁,快要退休了,讲话一点儿也不客气,常把华华说得非常难受。

比如，华华跟老公吵架，在办公室里提起。大姐就说："看看你，自己那么多缺点，你老公能容得下你，已经很不错了，换个人都跟你离婚了。好好珍惜当下的生活！"华华本意是寻找安慰，却得到这样的"安慰"，气得要吐血。

有一次，P2P爆雷，华华和老公的钱多数都投在了P2P里，这一下，损失惨重，她老公还特地跑到北京去，希望多少能拿回一点钱。华华在办公室里哭，说以后家里只能吃咸菜稀饭了。大姐说："哭什么哭？谁没有遇到过困难？这又不是人家害你，是你自己贪，自己找上门，投钱给它。像我，谁都别想从我这儿骗钱去。警惕性高呗！"华华气得直翻白眼。

小玫也遇到过一个"刀子嘴豆腐心"的人。此人是她的前辈，据说人缘极好，见到人家需要帮忙，都会主动帮，人家不需要帮的，他也很热情地帮忙。

小玫一到单位，就跟着这位前辈学业务，他也教得挺好，小玫很感激。小玫觉得他很有处世经验，所以，遇到问题都喜欢去问他。但每次问完，心里总是不舒坦。

有一次，小玫遇到一个来办业务的人。小玫每介绍一句，那

你的善良，
不是拿来妥协的

人都要抬杠一句，小玫觉得很丢脸，但不好跟人家翻脸。过后，她就找前辈诉说。前辈说："他绝对没有恶意，他只是问你问题，希望你注意他，好好回答他。"小玫说："我是好好说的，别人也问问题，都不像他那么凶巴巴的，还故意在别人面前刁难我。"前辈说："人家习惯那样讲话，你怎么说是刁难你？真是不懂人情世故。这点小事都受不了，你以后怎么做大事？"

还有一次，小玫遇到一个外地人，讲着讲着，那外地人就用外地的脏话骂小玫，小玫心里很气，但还是忍气吞声把事情做完。回头跟同事说起，那个前辈又说："你肯定听错了。"

这一次，小玫有点火了，辩道："我没听错！脏话我还是能听得出来的。"前辈说："你又听不懂外地话，说不定是同音的什么词语。别玻璃心，觉得人家什么都是在故意为难你。"小玫说："我并没有觉得人家什么都是在故意为难我，但是真的为难，我还是能感觉到的。"前辈说："你就是太多疑。"小玫一肚子不高兴。

"刀子嘴豆腐心"，最常出现在家庭中，母亲与子女之间，最为多见。

朋友英子小时候家距离学校比较远，某个冬天的傍晚，她放学留下来值日。天色很快就黑了下来。英子打扫完卫生,才走出校门,就下起雨来。开始,雨下得不大,她想跑回家,但是没跑多远,雨就大起来,身边还有一个二流子朝她吹口哨,她非常害怕,忙躲到路边的一家小店门前,希望妈妈给她送伞来。

可是,等了半个多小时,妈妈还没来。那时候,她也没有手机,小店里也没有公用电话,她心在煎熬,望眼欲穿。过了一个多小时,妈妈终于从远处走来。英子大喊:"妈妈!"想扑进妈妈怀里哭。没想到,妈妈沉着脸,还没走到她面前就开始骂:"你怎么回事啊?叫你每天带伞,你为什么不带?我下班回家,还要做饭,哪有时间给你送伞?就算给你送伞,我也不知道你到底在哪里!到学校去,学校早就关门了,也不知道你从哪一边往家走,害我两侧都走过去……这么不懂事的孩子,真不想要了!"说完,一指头戳在英子的脑门上。当着小店老板的面,英子被骂得无地自容,不提防又被戳了这么一下,一个趔趄,差点儿摔倒。

英子后来说起这个经历,一直难以释怀。她说:"那时候,我真的很想离家出走,不跟我妈回家了。我已经很难过了,她还那样骂我。过后想想,我知道她也很着急,所以会那样骂我,但是我心里就是难受。"

生活中,我也会对孩子"刀子嘴豆腐心",每次我本着为他好数落他的时候,他就很生气,很不耐烦,反驳或争辩。起初,我并不觉得是自己的错,还认为是他性格不好。后来,我明白了是自己讲话难听,让孩子不能接受。完全改掉是很难的,只能不断提醒自己,或者在孩子反抗时,醒悟自己说话方式不对,及时停止。

"刀子嘴豆腐心"的人,表面上是好心人,只是嘴巴不好,实质上是情商低,不体谅人,自以为是,高高在上,指手画脚,惹人厌烦而不自知。

## 05

## 我的自由,你凭什么指手画脚

朋友阿银是个比较安静的小女人,平时也注意与人为善,隔一两天就在朋友圈里发发自己的小乐趣:做的美食,走过的地方,看过的书,等等,也爱给人点赞。她喜欢将心比心,自己发个朋友圈,喜欢别人点赞、评论,她觉得别人应该也是如此,所以她点赞很勤快。

两年前,一个微信群里的一个网友加她。因为多年前,大家一起混过论坛,阿银见过那个网友的名字,所以就通过她了。

开始,阿银和她也聊得来,互相评论、点赞,觉得自己和她三观还挺一致的。但不知何时起,就只剩阿银给她点赞了,而她

## 你的善良，不是拿来妥协的

不再理睬阿银。有时候，阿银在她发的朋友圈下面留言问图片里的问题，她也不回答。迟钝的阿银，还以为她没看到。不过，时间久了，阿银还是有感觉的：因为她会给她们微信朋友圈的一些共同好友点赞、评论，只把自己当空气。可能自己被她屏蔽了！阿银想不明白为什么，当初不是她主动加自己的吗？为什么会这样？好像自己并没有得罪她。

有一次，那个网友发了一条朋友圈信息，说什么从来不晒自己照片的人人品有问题，不值得深交。阿银一下子就自动对号入座了，她就是从来不晒自己照片的那一种人。其实，她也不是完全不晒，偶尔也会晒晒同学聚会或者与朋友同游的照片，里面也有她，只是她自己并不喜欢单独拍照，再加上对自己相貌不自信，所以没发过自拍的照片。

她不是一直高调说自己从不随便评价别人的，为什么这样含沙射影说不晒照片就是人品有问题？

不晒照片，就惹着她了？莫名其妙。很多人还讨厌别人天天在朋友圈里晒美颜自拍照呢！

阿银的朋友圈里，也有很多女子是不晒本人照片的，阿银从来没想过这有什么问题。难道自己的微信，连晒不晒照片的自由都没有？你晒了，你就有资格蔑视不晒的人？那么，不晒的人也可以随便瞧不起晒的人？这是什么逻辑？

阿银心里很不舒服，但转念一想，又不是生活中的朋友，既然她把自己屏蔽了，自己没必要生这种无谓之气，也把她屏蔽了，眼不见心不烦，不就完了吗？或者，一个狠心，删除好友，过段时间就相忘于江湖了。她伤害了你，你还替她着想，怕她发现自己被人删了会难过，这是有多愚昧啊！不趁早删了对自己不友善的人，难道还留着过年，来恶心自己？

不少人都有一种优越感，自己的所作所为都是对的，以自己的标准去衡量别人，别人与自己不同，就是别人的错，如果只是腹诽也就罢了，偏又憋不住，在公共场合牢骚不断，说者有心，听者更有意，势必会被伤害到。一旦范围扩大，从朋友圈扩展到见过的每一件事，不辨真假，未知虚实，都用自己的标准去衡量，去评价，就容易沦为人所不齿的"键盘侠"。伤人之后，又有几人会去忏悔道歉？坚信自己是对的人，总是时刻把枪口对外，哪里还会自省、认错、觉悟？

小念是一个有正义感的女生，见到不公平的事，总会血脉贲张，不顾个人安危，替人出头，用她自己的话说就是：行侠仗

> 你的善良，
> 不是拿来妥协的

义，路见不平，拔刀相助。

不过，在路上行走的时间不如在手机上游荡的时间长，很多社会热点事件发生后，通过手机传播的速度比脚跑得快多了，各种内幕真相、意见看法也会迅速发酵，通过各个群、各个圈传播出去。

小念每天阅览大量的信息，从中选出她觉得比较合适的言论转发。有一天，小念转发了一个关于教育的帖子。不料，没过多久，一个领导忽然给她留言，说她太激进了，怎么能转发这样的帖子，自己看看就好了，别给自己和家人惹麻烦……

小念有点儿懵了，这帖子阅读量10万+，大家都在转发，为什么自己不能转？不过，看在领导是为自己好的份上，小念还是把帖子删除了。从那以后，她看到舆情激愤的帖子，都会不自觉地想起那位领导的话，最后，选择不再转发。

时间久了，她也和身边的人一样，只发一些吃喝玩乐的内容。

有一天，一个朋友说她："你最近变了，以前挺正义的一个人，现在胆小怕事没有担当了。外面发生了那么大的事，比如'疫苗事件'，你竟然毫无反应，毫不关心，一个帖子都不转，还发什么游山玩水的帖子！你懂不懂大义？"

小念不知道说什么好，转发舆情帖子，被人说太激进；转发游山玩水的帖子，又被人说不懂大义。这做人可真难啊！

自由，不是无限制的，是必须受法律约束的。在法律约束之内，正常地发或不发，决定权都在当事人。所以，忍不住要爆发一句："我的自由，你有什么资格干涉？你凭什么含沙射影、指手画脚、恶语相加？"

## 06

### 别把幸福晒在嫉妒眼下

对于经常清理朋友圈的人，遇到陌生坏人的机会是不多的，但却并不能保证所有认识的人，都能心平气和地欣赏你晒的幸福。

小美小时候家境一般，上了大学也过得比较节俭，工作后，和丈夫一起努力，工作之余自己还接一些项目，做一些投资，经济条件慢慢好转，买了房也买了车，还生了俩娃。同几年前相比，生活幸福指数上了好几级台阶。她也没想那么多，常常在朋友圈发自己的各种幸福照，去哪儿旅游，各种买买买，孩子上了什么兴趣班，尤其是一家四口的幸福合影自拍。每次都有很多人点赞。小美心里乐滋滋的。

然而，小美遇到了一件不顺心的事。她的上级领导谢副总最近经常抓她加班，总给她布置一些额外的活儿。小美晚上加班到很晚，大的孩子在上幼儿园，没人接，小的孩子只能送到父母家去。

周末，小美以为事情都赶完了，可以休息一下。不想，一大早，谢总的电话就打来了，叫她到公司一趟，有一个材料需要处理。

小美已经安排了周末跟老公带孩子去游乐场，接到电话，很为难，问："可以上班时间做吗？"谢总不高兴了："这是很紧急的材料，必须马上做出来。""那，我今晚在家加班做，可以吗？我已经安排好了，带孩子去玩，好久没带他出去了。""不行，我已经到公司，就在办公室等你，你马上来。"说完不等小美回话，就挂掉了电话。

话讲到这份儿上，小美不去也得去，除非她真不想干了。谢总真的已经在办公室里等着了，看见她来，说："这份材料很重要，我需要当面告诉你怎么做。你一边做，我一边告诉你怎么修改，需要不少时间，中午就不要回去了，我已经定了餐，估计要做到傍晚。""啊？！"小美还以为干一会儿就结束，没想到连中午、下午都"打包发送"了。

事已至此，只能耐心做了。到底是什么重要的事情呢？小美仔细阅读谢总给的材料，是根据总公司的安排，做一个活动的策划方案，要求一个月后开展一项推广活动。

一个月后的事情！还只是一项推广活动的策划方案，这么着急干什么？搞得像天大的事，明天就要……不过，这话小美也就心里想想，不敢说出来。

这种推广活动的策划方案，小美做过不少，她电脑里有很多她收集的资料，也有她自己以前做的，随便拿一些出来改一改，就可以用了。当小美提出去自己办公室做时，谢总不同意，说必须就在她的电脑上做。小美说，那我去把以前的资料用U盘复制过来。谢总说："不能用以前的，必须要有新创意，一看见以前的，就会偷懒，就不会去想新的。"

小美欲哭无泪，以前的创意就算都不能用，以前的格式总还可以复制过来用吧？想着，不远处自己办公室的电脑里有那么多东西，自己现在却要重新一个字一个字打出来，事倍功半，这无用功做得也太多了。

谢总在旁边盯着，小美什么小动作都不敢做，连上网搜索相关资料都不敢，怕被骂弄虚作假，没有创意。

幸好，她心里有底，知道要做哪些事，虽然写起来麻烦，但也还能写下去。边写，谢总边说她的设想。小美打字速度很快，一个多小时就搞定了。她动起了小脑筋：这时间，还没到10点，回去还可以带孩子玩去。

然而，谢总一会儿说这里需要改，一会儿说那里需要改，小美照她说的改。改完了，谢总说："先放一放，我再看看哪里还需要改的。你等一下，我先看一下其他的材料。"

谢总说完，把这件事完全放在一边，看其他材料去了。小美很想走，又不敢走，还不敢开口，她知道谢总肯定不同意她走。

过了半个小时，谢总说："你可以先回办公室，我想到什么，打电话给你，再过来改。"

小美在心里暗骂："恶毒的老女人。"只好回她自己的办公室。等啊等，谢总一直没给她打电话，小美快气晕过去。等到12点，有人在门口叫："外卖来了！"小美抬头一看，果然是外卖。

接过来，吃！心里那个气啊！她不知道谢总葫芦里卖的是什么药。

## 你的善良，不是拿来妥协的

吃完，困了，她趴在桌子上睡觉，迷迷糊糊中被电话声吵醒，看一下，是谢总的。天地良心，她终于打电话来了，虽然相距只有几步路，但人家要摆架子，打电话通知。现在，小美也顾不得那么多了，赶紧过去。

谢总在纸上写了三点意见，叫小美改。小美看一下，都是芝麻大的小毛病，改就改吧。

改完了，谢总说："再放一放，等会儿说不定又有新的要修改的地方。"

小美已经没念想了，"嗯"了一声，往外走。

谢总在身后说："你别不耐烦，做事就要做到完美。你看我，周末都在这里加班……"

"我没不耐烦。"小美回应了一声。心说："我敢不耐烦吗？"

4：40，电话又来了。这次，谢总说："小美啊，你可以回家了，策划方案写得很好，我看不出什么问题……有需要，我再找你。"

"谢谢。"小美溜也似的跑了。

可是，这一天一家人去游乐场的计划已经泡汤了。

晚上，小美在微信里跟闺蜜抱怨："遇到一个莫名其妙的领导……"

"人精"似的闺蜜给她分析:"你是不是晒幸福都给领导看到啊?!"

小美一怔:"是啊,我都是所有人都可见。"

闺蜜说:"你的那位领导的家庭情况,你有没有了解过?"

小美说:"好像,她离婚了,孩子在美国读书,自己一个人过……"

闺蜜说:"知道原因了吧?傻乎乎的,整天在孤家寡人面前晒幸福,不坑你坑谁?"

小美说:"真的是这样的吗?不可理喻。"

闺蜜说:"防人之心不可无。你知道以后该怎么做了吧?"

小美忙不迭地说:"知道,知道,知道……"

小美可不敢屏蔽领导,她只是给这位领导以及某些可能患"红眼病"的人设置了一个"标签"——不可看。以后,晒幸福的时候,她就把这些人都扫到"不可看"的行列。

但愿,小美以后能少点麻烦。

正如小美的闺蜜说的,防人之心不可无,你怎知面对你发的朋友圈有多少人戴着嫉妒的眼镜在看呢?

# 07

## 格局就在你的待人处事上

受到别人的尊重，是每个人的情感需求。人人都知道自己有这种需求，却有相当比例的人没有意识到别人也有这种需求。于是，在人际交往中，一旦自己被尊重的需求没有得到满足，就会在现实层面或者精神层面，进行"撒泼打滚"，比如打击报复，或者污蔑毁谤；而对别人遇到的一些困难，不仅没有同情心，还讽刺嘲笑挖苦，显示自己高人一等，这就十分令人厌恶。

小琴是一个女学霸，她专注于自己的学习而没时间顾及身边的飞短流长，却没有想到次次都名列前茅的成绩给她招来了"嫉妒眼"。那是班上另一位女生阿晓，平时也非常努力学习，假期更是在培训机构度过,"刷题"都是一厚本一厚本地进行。阿晓认为自己"刷题量"全班第一,但是成绩却和她刷的题量不成正比。她考试排名总徘徊在班级15~20。她所在的是重点中学,这个成绩也算是不错的,如果拿到全市去排名的话,是比较靠前的。但阿晓的眼睛一直都盯着总是占据班级第一的小琴。她很气愤自己不管怎么努力都没法达到小琴的名次。

每次考试后,阿晓都来问小琴考得怎样。听到小琴说哪道题做错了,她就很高兴;听到小琴说卷子不难,她就不痛快。可是,不管卷子难易,小琴都比阿晓考得好。这让阿晓最受不了。

有一回,半期考第一场语文考试后,阿晓又蹭过来说:"小琴,你这个'温书假'一定都在读书吧?每天有没有读16个小时?"小琴很认真地想了想,说:"没有那么多时间……"她在心里计算:除掉睡眠、吃饭、休息,大约用了9个小时读书。她刚想要补充,就听到阿晓用嘲讽的语调说:"谁信哪!学霸都是嘴上说'没有那么多时间',其实在家偷偷读的时间比谁都多!"

小琴很不高兴,不过,她不想跟阿晓纠缠,就没再说话。

"哎哟!被我说中了吧?都没话讲了。做人何必那么虚伪?!努力就说自己努力,谁又会去嫉妒你?还遮遮掩掩的。咱

你的善良，不是拿来妥协的

们都是高三，大家都是奔着'985''211'大学去的，谁不知道谁呀！"

阿晓越说声越高，有十来个同学围过来，其他同学虽然还在座位上，但也都把目光投了过来。小琴觉得很丢脸，不想跟阿晓计较，就走出教室。阿晓还在背后讲她。

小琴很受打击：读自己的书，又不干扰别人，难道这也有错？

这件事情被小琴的好朋友知道了，她对小琴说："你不会反击？"小琴觉得，反击会让自己很没有风度，会增加班级不和谐。朋友说："你并没有占任何人的便宜，你的成绩仅仅是对得起你自己的努力而已。对付那种人，你不反击，她就会觉得你软弱好欺，会得寸进尺。"

可惜，朋友没能说服小琴。小琴觉得，很快就要高考了，考完，大家各自上大学去，见面的机会也就不多了，何必争执？然而，现实如她朋友所料，被嫉妒笼罩的阿晓并没有因为小琴的不计较和退让而罢手，她时不时找茬儿挖苦小琴。虽然别的同学也看不惯阿晓的做法，但事不关己，个个也就选择了沉默。

小琴饱受困扰，情绪崩溃，连续两次测验都考砸——落到班级第5名。当班级排名出来后,大家看到阿晓进步了,而小琴却退步了。但阿晓并没有放过小琴,继续阴阳怪气地嘲讽:"看看我们的女学霸,也并不能永保第一嘛!偷偷在家用功也帮不了你呀!做人还是实在一些好呀!你们说是不是?"

小琴气哭了。回到家,又哭了起来。妈妈问她为什么,她原本不想说,但在妈妈的安慰下,她放下了心理负担,说了出来。

妈妈说:"这世上,人有很多种。有善良的人,也有心怀恶意的人;有人会为别人的成就高兴,有人见不得别人超过自己,会想方设法打击对方,甚至会煽动其他人一起来打击。这类人是很难良心发现主动收手的,只有在受到惩戒后,他们才有可能学会尊重别人。如果,我把这件事告诉你们老师,你同意吗?"

"算了,我们这年龄有矛盾,老师也不爱管的;再说,我也不想得罪同学;还有,我们只剩两个多月就高考了,我不想她受到处分,影响高考。最重要的,如果我害得她没法高考,我心里更不好受。"小琴说。

妈妈苦笑摇头。自己的女儿自己最了解,从小到大,都太善良,受了伤害,还为伤害自己的人考虑。不过,话说回来,女儿长大了,有自己的想法,虽然这想法跟自己的处事原则不一致,但既然女儿做出了选择,自己又有什么权利越俎代庖?况且,女儿的选择对错与否,只有日后的结果能给出验证。希望女儿的选择是对的。

一个人的格局,反映在他(她)处事的态度上。格局小的人很难容得下别人的优秀,对于超过自己的优秀者冷嘲热讽,打击报复,是他们惯用的伎俩。格局大的人,能看到更广阔的世界,不会斤斤计较于鸡毛蒜皮的得失,在为人处世中,始终坚持与人为善的原则。

的确,如果人人都选择善良,世界会更加美好,但这是不现实的。虽然世界无法根除丑恶,但庆幸大部分人选择善良,世界也因这部分人的存在而美好。但愿善良的人在生活中能不断邂逅善良,远离丑恶。但当不得不面对丑恶时,也需要想出适当的办法应对,保全自己的善良。

## 08

## 你的善良不该成为别人的"垫脚石"

当你真心待人,不图回报地手把手教人,却遇到把你当"垫脚石"的人,那种感觉真是会恶心到家。

筱筱是一家公司的业务负责人,管着手下几十个"兵"。

"新兵"多是她跟人力资源部主任一起面试、招聘来的。来了,就要手把手地教,力争尽快培养出能"作战"的团队,这样才能实现效益,也能让自己稍微轻松一点。

筱筱善良,脾气好,很多"新兵"都把她当知心大姐姐,总是"姐姐、姐姐"地叫。

有一次,来了一个研究生小妍,公司请她来做媒体发布工作，比如公众号、微博等。研究生的水平还是有的，就是缺乏经验。小妍不是筱筱这个部门的，但是非常谦虚好学，没有研究生的架子。她来了有半个多月，筱筱第一次见到她，便感受到了她的诸多优点。小妍一直说希望筱筱有时间多教教她。

面对如此谦虚的人，即便是不"好为人师"的筱筱也没有理由不喜欢。于是一有空闲筱筱就跟小妍聊做好工作的一些经验。她们俩很投机，常常在下班之后还聊得不亦乐乎。

筱筱对人一贯热情，对于跟自己投脾气的人更是掏心掏肺，恨不得把自己所有的本领都分享给虚心好学者，好让大家共同进步。

有一天，小妍忽然提着礼物登门拜访，请筱筱教她一些行业技巧。筱筱觉得很奇怪，小妍的工作就是做好公司的文字推广，为什么要学行业技巧？小妍没有回答，只是提问题。

即便小妍什么都不告诉筱筱，筱筱还是真心帮助解答她的问题，给她提供了很专业的帮助。临走，小妍对筱筱一再表示感谢。筱筱叫小妍把礼物带走，说自己提供的帮助只是举手之劳，况且小妍才工作，收入也不高。小妍说，也不是正式的礼物，是她路过超市买的一些食品，留着给筱筱的孩子吃吧。筱筱转念一想，小妍或许是不愿意欠自己人情，那也好，就留下吧。

后来，小妍还找过筱筱几次，每次都带着问题来请教，筱筱都很热情地答疑解惑。

后来，筱筱好长时间没见到小妍，问人力资源部主任，得到的回答是，几天前就跳槽到另一家收入更高的单位去了。

筱筱一下子呆住了。跳槽到收入更高的单位，这也是人之常情，可……小妍这么不辞而别，无论如何都让自己有一种被利用的感觉。但是筱筱转念一想，或许小妍等忙过了一段时间会联系自己，不至于跟自己耍心机吧？筱筱打开微信，想给小妍留言，祝贺她。没想到点开小妍的朋友圈，发现是一条灰线，不是只有"三日可见"的灰线，而是彻底的灰线！这，至于吗？自己哪里做得不对了？一直都关心她，帮助她……自己傻吗？好像有点儿。难过、后悔吗？好像有点儿。以后遇到别人求助的事情，还会再做吗？还是会做。帮助别人是为了看到对方进步，不是为了得到对方的感恩。

这么一想，筱筱又心安了。

施助者不图受助者感恩体现胸怀宽广，但是受助者不懂感恩，把施助者当成自己晋升的"垫脚石"，无论如何都是一种没

你的善良，不是拿来妥协的

素质的表现。

瑛子就遇到过这样的同事。那时，瑛子单位来了新人小王，领导交代瑛子"传帮带"。瑛子教得认真，小王也聪明，上手很快，点子多，常有独到的见解让领导赏识。

几年之后，瑛子升职，当了部门主管。小王恭喜瑛子，左一个"姐姐"，右一个"主管"，叫得可亲热了。当然，她对谁都叫得很亲热。

不过，瑛子这个主管当得有点儿窝囊，她传达公司任务，小王是不折不扣地完成，甚至做得非常好，但有一样不好——绝不交给瑛子汇总转交领导，总是自己交给领导。

瑛子在群里问大家材料准备得怎么样了，小王第一个回复说："我早就交了。"瑛子忙去查邮箱，并没有收到。又问小王把材料交给谁了。"交给领导了。"小王回复。

材料最后确实都要交给领导，但瑛子总觉得憋屈——明明通知把材料交到自己手里，小王却直接上交领导，自己说话就这么不好使？

后来瑛子发现，小王很多事情都是绕过自己，直接跟领导联系。这样的结果是：领导对小王好感渐生，小王作为人才被赏识，提拔很快。

有一次，单位要各部门组团完成一项任务。小王很热情地说，瑛子那么有经验，有想法，一定要跟她组团。瑛子答应了。之后小王经常跟瑛子电话交流，一通话就是1个小时。瑛子以为她和小王组团是板上钉钉的事。没想到，有一天，小王无意中透露：她和副总，还有业务主任组团了！瑛子不敢相信。

小王说这样组团的好处："副总手里有大量的资源，不跟他组团，我基本没戏；业务主任也能帮助我做一些他擅长的事。"瑛子说："你不是说要跟我组团的吗？"小王说："你对名利无所谓，不是吗？"这一句话把瑛子噎住了。

瑛子也不想说什么了，只在心底生闷气：前期，我帮你做了不少事，你却另找"高枝"，攀附上去，把我甩了都不通知我一声，还用这样的话来堵我……

如果到此为止，也就罢了。问题是，副总和业务主任给不了小王内行的帮助，小王还是天天给瑛子发邮件，把自己的策划稿一遍遍地发过来，叫瑛子帮她改。

当然，瑛子一次都没点开看。——被人卖了，还帮人数钱这种事，瑛子再善良也不愿意干。

你的善良，
不是拿来妥协的

哪知道小王见瑛子不理睬自己，就动用副总的力量，使唤瑛子。瑛子不得不干，心里则是一万个憋气。

最后小王的团队获得大奖。领奖时，小王和副总、业务主任都眉飞色舞，只有瑛子眉头紧皱……

## 09

### 善，存于心而不发于言

朋友阿瑾跟我诉苦，说她的一个上司在朋友圈里隔三岔五就发一条"善良"的言论，比如：聪明是一种天赋，而善良是一种选择；美貌是推荐信，善良是信用卡；金钱比起善良又算什么呢；日行一善……

阿瑾说："我都快要看吐了。都说缺啥补啥，越是不善，越是要自我标榜善良。"

我很奇怪，什么样的行为让她不能容忍到这个地步。

阿瑾说："她自己不来上班，找个生病的理由就可以——有人说曾经撞见她上班时间在一家健身馆练瑜伽——但我们有同事

# 你的善良，不是拿来妥协的

真的生病了，她总是叫人家坚持坚持再坚持，不到倒下住院，她是不会让人家请假的。请假了，就扣钱，扣到没法过日子，只好抱病上班。

"她接到某一项工作任务，第一时间就是转发给手下做，这很正常，哪家单位工作不都是布置给下属的？她自己回家去了，命令手下人加班。人在公司漂，哪有不加班的？这我们也能接受。恶心之处在于：每次，她都打电话到办公室查岗，3秒之内没有接，就打到个人手机，问：'人溜到哪里去了？'安排谁加班，人家肯定是要在规定的时间里把事情做完，至于做的过程，要吃点零食，上个厕所，都是可能的。她这样做，就像监控探头一样，如此不信任人，还不如直接在办公室装上监控，连接到她的手机上，方便随时查看。这也就算了，她还在公司的高层和中层的管理群里发信息说自己在加班中……快12点时，又发自己去地库开车，准备回家去……以为没有手下人在中高层群里，就可以一手遮天，为所欲为。这不是蠢吗？总有人会得到消息的。

"这样自吹也就罢了，毕竟没损害别人，最恶毒的是她拿手下人做好的材料算自己的功劳，而报加班的时候，只报自己，不报手下干活的人。人家累死累活，家里也顾不上，在这里加班，不就是希望多赚俩钱吗？活干了，钱到她兜里。这种损人利己的人都能算善良的话，天下就没有不善良的人了。还每天高调为自己唱赞歌，送她两个字——'无耻'。"

阿瑾的话让我想到了另一个公司的总经理。很多年前，她还不是总经理，只是部门主管，她把孩子生下来后照顾得无微不至，甚至将6个月的产假拉长到12个月。她为了多休产假，哭得泪流满面，当时的"头儿"比较体谅女性员工不容易，就答应多给她半年时间。等到她自己当上总经理后，颁布一项决定：女员工产假缩短到4个半月。过了两年，又缩短到3个月。一大群育龄女员工在背后指着她脊梁骨大骂"周扒皮""没人性"，了解情况的说她自己曾得到别人的照顾，却没有做到把这份善良延续下去，只到她这里为止。

阿瑾听我说完这个故事，继续说："你说的这个总经理狠是狠点儿，但至少没有用'既要……又要……'造句。"

我不明白。

阿瑾解释："既要做坏人，又要标榜自己善良。"

她又补充了一个故事。

那位"善良"上司有一个亲戚是著名的文艺工作者，每次

**你的善良，不是拿来妥协的**

单位接到文艺比赛的任务，上司都请自己的亲戚来指导，收费正常，效果很好，每次总能在省里的比赛中名列前茅。当然上司也因此很被领导器重，并得到相应的奖金。

有一次，又有一份通知要求公司的另一个部门排出一个节目参加文艺比赛。大家首先想到的就是阿瑾的上司，想通过她找她的亲戚来帮忙，酬劳照给。但她怎么都不肯，哪怕副总出面，她也不给面子。任务必须完成，所以副总和那个部门的主管只好自想办法，找了很多路子，都没有合适的指导者。最后，那个部门只好自己排个节目，虽然也很努力地编导排演，但毕竟不是专业人员，节目拿出去，跟原先参赛的节目相比，水平相差好几个档次，别说名列前茅了，连鼓励奖都没捞到，成了末位被淘汰的40%。

结果呢，大家就把他们和阿瑾上司领导的部门比较，觉得他们很差劲，连这点小事都做不好。外单位一直都很看好他们的单位，可这个部门却让整个单位丢脸了。

阿瑾的上司得到这个消息后，在朋友圈里发了一条消息：成绩都是努力出来的，想偷懒又想获得金牌，世界上哪有这样的便宜捡？

虽然她不指名不道姓,但大家都自觉将相关人员对号入座。真的都去嘲笑失败者吗?也未必,多数人觉得她见同事有困难没有雪中送炭也就算了,坐等人家出丑,再来说风凉话,这不仅不厚道,简直没有人味。

善良,只有自夸的言论而没有实际的行为,那是伪善。

伪善,是为了欺骗他人而戴上的假面具,即便把自己的脸用剪成"善良"二字的金箔面膜贴满,也都会被事实的"王水"消融。